手のひら図鑑 ⑩
宇　宙

ジャクリーン・ミトン 監修／伊藤 伸子 訳

化学同人

Pocket Eyewitness SPACE
Copyright © 2012 Dorling Kindersley Limited
A Penguin Random House Company

Japanese translation rights arranged with
Dorling Kindersley Limited, London
through Fortuna Co., Ltd., Tokyo
For sale in Japanese territory only.

手のひら図鑑 ⑩
宇　宙

2017年4月1日　第1刷発行
2023年8月1日　第2刷発行

監　修　ジャクリーン・ミトン
訳　者　伊藤伸子
発行人　曽根良介
発行所　株式会社化学同人

〒600-8074　京都市下京区仏光寺通柳馬場西入ル
TEL：075-352-3373　FAX：075-351-8301

装丁・本文DTP　グローバル・メディア

JCOPY 〈出版者著作権管理機構委託出版物〉

本書の無断複写は著作権法上での例外を除き禁じられています．複写される場合は，そのつど事前に，出版者著作権管理機構（電話 03-5244-5088，FAX 03-5244-5089，email：info@jcopy.or.jp）の許諾を得てください．

無断転載・複製を禁ず

Printed and bound in China

ⓒ N. Ito 2017
ISBN978-4-7598-1800-0

乱丁・落丁本は送料小社負担にて
お取りかえいたします．

For the curious
www.dk.com

目　次

- 4 空の向こうには何がある？
- 6 宇宙の規模
- 8 ビッグバン
- 10 宇宙は何でできている？
- 12 電磁スペクトル
- 14 夜空の地図
- 16 北　天
- 18 南　天

22 宇宙の研究
- 24 望遠鏡のしくみ
- 26 地上の望遠鏡
- 30 宇宙の望遠鏡

34 太陽系
- 36 太陽系の家族
- 38 岩石惑星
- 40 巨大ガス惑星
- 44 惑星の地形、気象
- 56 月
- 58 衛　星
- 66 準惑星
- 68 小惑星
- 70 すい星
- 72 隕　石

74 恒星と星雲
- 76 恒星の一生
- 78 恒　星
- 82 星　団
- 86 太陽系外惑星
- 88 星　雲

98 銀　河
- 100 銀河って何だろう？
- 102 銀　河

116 宇宙探査
- 118 宇宙船の種類
- 120 ロケット
- 124 宇宙船
- 138 有人飛行
- 142 宇宙ステーション

- 146 宇宙探検の歴史
- 148 宇宙のあれこれ
- 150 用語解説
- 152 索　引
- 155 謝　辞

大きさ
この本では惑星、衛星、望遠鏡、宇宙船の大きさを地球や月、ボーイング747、人間の大きさと比べて表しています。

地球	月	ボーイング747	人間
12,756 km	3,476 km	70 m	1.8 m

位置表示
地球の位置表示図では特徴的な地形のある場所、望遠鏡の設置箇所、隕石の衝突地点を示します。月の位置表示図では特徴的な地形のある場所を示します。

星座の位置表示図では星座の中での恒星、銀河、星雲の位置を示します。

空の向こうには何がある?

夜空に散らばる星は、宇宙に存在する数えきれないほどの星のごく一部です。星(恒星)はガスとちりでできた雲(星雲)の中で生まれ、銀河とよばれるまとまりをつくります。恒星のまわりには氷や岩石やガスでできた天体があります。恒星のまわりを回る天体を惑星といいます。地球も太陽という恒星のまわりを回る惑星です。地球は宇宙の中でただひとつの、生命を育む天体です。

銀河って何?

ひとつひとつの恒星はどれも銀河というまとまりに属している。銀河の大きさは、含んでいる恒星の数が1000万個ほどの矮小銀河から、1兆個を超す巨大銀河までさまざまだ。右写真は、長い腕が渦を巻く南の回転花火銀河。

恒星って何?

夜空を見上げると恒星は小さな光の点のように見えるが、実際は熱いガス(おもに水素とヘリウム)でできた巨大な球体だ。太陽も恒星だが、ほかの恒星よりずっと大きく見える。それは太陽が地球の近くにあるからだ。

星間雲

宇宙には星のほかには何もないように見えるが、実はそうでもない。ガスとちり粒子が星と星の間の空間（星間空間）を漂っている。ガスとちりがとくに高密度で集まっているような場所もある。このような場所を星雲という。馬頭星雲（写真）が暗く浮き上がって見えるのは、星雲の後ろにある恒星の光をさえぎっているからだ。

惑星と衛星

恒星のまわりを回り、自分の重力で球の形になれるくらい大きな天体を惑星といい、惑星のまわりを回り、惑星よりも小さな天体を衛星という。太陽のまわりには8個の惑星がある。「赤い惑星」とよばれる火星もそのひとつ。火星は太陽から数えて4番目の惑星で、2個の衛星をもつ。

そのほかの天体

太陽のまわりには惑星やその衛星のほかにも、準惑星や小惑星、すい星など岩石や氷の塊でできた天体が数多く回っている。準惑星、小惑星、すい星におもに帯状の領域（火星と木星の間にある小惑星帯や一番外側の惑星のさらに外側にあるカイパーベルト）に集まっている。

宇宙の規模 うちゅうのきぼ

地球に一番近い恒星は太陽です。太陽は地球からはおよそ 1 億 5000 万 km 離れています。次に近い恒星（プロキシマ・ケンタウリ）はその数千倍遠くなります。一番遠い銀河となるとさらに数十億倍も離れることになります。本当のところ宇宙がどのくらい大きいのか、現時点では科学者といえどもわかりません。

宇宙の中の地球

地球は太陽系に含まれる。太陽系は天の川銀河の腕の部分にある。天の川銀河は局部銀河群の一部。局部銀河群は宇宙に散らばるたくさんの銀河群や銀河団のひとつ。

宇宙の距離

宇宙はとてつもなく大きいため、宇宙での距離は光年という特別な単位を使って表される。1 光年は 9 兆 4600 億 km。光が 1 年間に進む距離だ。

地球の直径は 1 万 2,756 km。

地球は太陽から数えて 3 番目の惑星で、**太陽系**に含まれる。太陽系の端は地球から約 10 兆 km 離れていると考えられている。

距離（光年）　1　　　10　　　100　　　1,000　　　1万

太陽 (0.000016 光年)　太陽系の端 (1 光年)　プロキシマ・ケンタウリ (4 光年)　天の川銀河の中心 (2 万 6,000 光年)

観測者から遠ざかる銀河ほど赤く見える

赤方偏移

宇宙は膨張している。宇宙の膨張は、現在すべての銀河団がどんどん離れていることから明らかだ。地球から遠ざかる銀河団の放つ光の波は伸びるためより長く、より赤くなる。このような現象を赤方偏移という。銀河団の赤方偏移を測定すると銀河団の移動する速さがわかる。

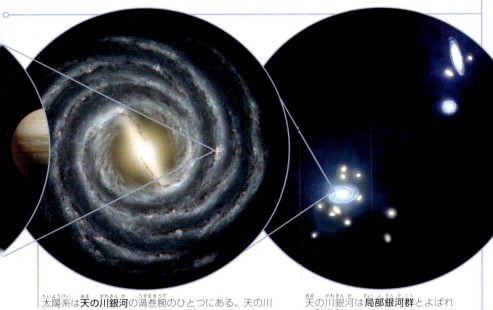

太陽系は**天の川銀河**の渦巻腕のひとつにある。天の川銀河の中心から約2万6,000光年離れた場所だ。上の図は観測データをもとに描いた天の川銀河の想像図。

天の川銀河は**局部銀河群**とよばれる銀河団に含まれる。局部銀河群の直径は約1000万光年。

| 10万 | 100万 | 1000万 | 1億 | 10億 | 100億 |

アンドロメダ銀河
（260万光年）

おとめ座銀河団
（5380万光年）

現在わかっている宇宙の端
（138億光年）

ビッグバン

今からおよそ138億年前、ビッグバンとよばれるとてつもなく大きな爆発が起こり、宇宙が誕生しました。ビッグバンは物質とエネルギーをつくりだしました。宇宙はほんのいっしゅんで生まれました。生まれてすぐの宇宙は想像できないほどの高い温度と圧力でしたが、その後どんどん大きくなり冷えていく中で恒星や銀河が生まれました。

ビッグバンとともにはじまった**宇宙の膨張**は現在も続いていて、宇宙がふくらむ速度はだんだん上がっている。これまでの50億年間で膨張速度が上がっていることは確かめられている。だが、将来どうなるかは今のところわからない。

宇宙の進化

何がきっかけでビッグバンが起きたのか。この問題は科学者にもなぞだ。けれどもビッグバンの直後まで宇宙の歴史をたどることはできる。ビッグバンの直後に放出されたエネルギーは粒子をつくった。恒星も惑星も銀河も、ビッグバンでできた粒子がもとになってできている。

ビッグバンは熱くて新しい宇宙をあらゆる方向に放った。

ビッグバンから約40万年後に宇宙が放出したエネルギーを現在、観測することができる。初期の宇宙が放ったエネルギーは宇宙マイクロ波背景放射といい、右の図では青色と緑色の部分である。

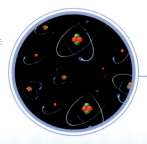

ビッグバンの約40万年後に**最初の原子**ができた。水素ガスとヘリウムガスの原子だ。

ビッグバンの約2億年後、水素とヘリウムでできた雲を重力がひっぱって高密度の塊にした。この塊が**最初の恒星**となった。

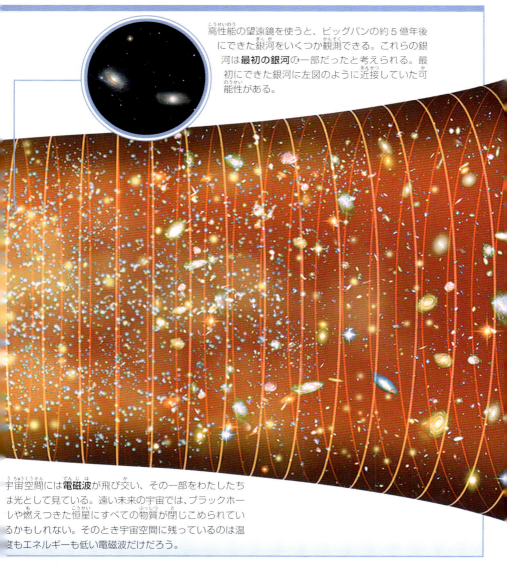

高性能の望遠鏡を使うと、ビッグバンの約5億年後にできた銀河をいくつか観測できる。これらの銀河は**最初の銀河**の一部だったと考えられる。最初にできた銀河に左図のように近接していた可能性がある。

宇宙空間には**電磁波**が飛び交い、その一部をわたしたちは光として見ている。遠い未来の宇宙では、ブラックホールや燃えつきた恒星にすべての物質が閉じこめられているかもしれない。そのとき宇宙空間に残っているのは温まもエネルギーも低い電磁波だけだろう。

宇宙は何でできている？

うちゅうはなにでできている？

宇宙には物質とエネルギーが存在します。宇宙に含まれる物質には恒星や銀河のように見ることのできる物質のほかに、見ることのできない「ダークマター（暗黒物質）」もあります。ダークマターは銀河内にあっても光や熱を放たないので見つけにくいです。けれども見える物体に対するダークマターの重力の影響を手がかりにすると、ダークマターの存在を確かめることができます。

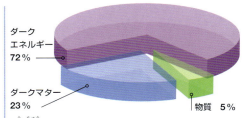

宇宙の組成

全宇宙にしめる、見ることのできる物質の割合はわずか5％。見ることのできないダークマターの方がはるかに多い。さらに大きな割合をしめるのがダークエネルギーとよばれる正体不明の力。ダークエネルギーは宇宙の膨張を引き起こしている。

物　質

物質には質量があり、物質は重力の影響を受ける。すべての物質は原子とよばれる粒子でできていて、原子はさらに小さな粒子でできている。原子はとても小さいので目に見えない。原子のつまり具合のちがいによって物質にはおもに四つの状態（固体、液体、気体、プラズマ）がある。

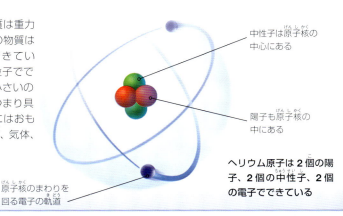

中性子は原子核の中心にある

陽子も原子核の中にある

原子核のまわりを回る電子の軌道

ヘリウム原子は2個の陽子、2個の中性子、2個の電子でできている

ダークマター

ダークマターは宇宙中に広がっている。ダークマターを見ることはできないので、存在を確認する手がかりは見える物質の観測だけ。アベル901/902（右写真）のような大きな銀河団を観測すると予測以上の大きな重力をもつことが示される。この予測以上の重力がダークマターのはたらきによって生じたものと考えられている。

ダークマターの研究

固体は写真の金の延べ棒のように決まった形をしている。

液体は写真の油のように容器に入れてはじめて決まった形になる。

気体は写真の臭素蒸気のように自由に動く。気体は決まった形をもたない。

プラズマは、気体を熱して原子が陽イオンと電子に分解されると生じる。写真の球体の中のプラズマは気体の中に電気を通してつくられた。

ジュネーブにある欧州原子核研究機構（CERN）の**大型ハドロン衝突型加速器**（LHC）は地下につくられた巨大な実験装置。LHCを使うと、ビッグバン直後と同じ状態をつくりだすことができる。このような実験を通して、いつの日かダークマターの成り立ちが明らかにされるかもしれない。

電磁スペクトル

でんじスペクトル

可視光も電波もX線も、エネルギーを運ぶ波（電磁波。電磁放射ともよばれる）の一種です。恒星や銀河をはじめ宇宙にある天体は全種類の電磁波を放ちます。低エネルギーから高エネルギーまで広がるすべての領域の電磁波を電磁スペクトルといいます。

エネルギーの波

電磁波はどれも光の速さ（1秒間に約30万km）で進むが、運ぶエネルギー量は波長によってちがう。波長とは波の山から山までの長さ。右の図はさまざまな波長でとらえたかに星雲。人間の目に見えない電磁波の部分に、フォールスカラーという方法で色をつけてある。

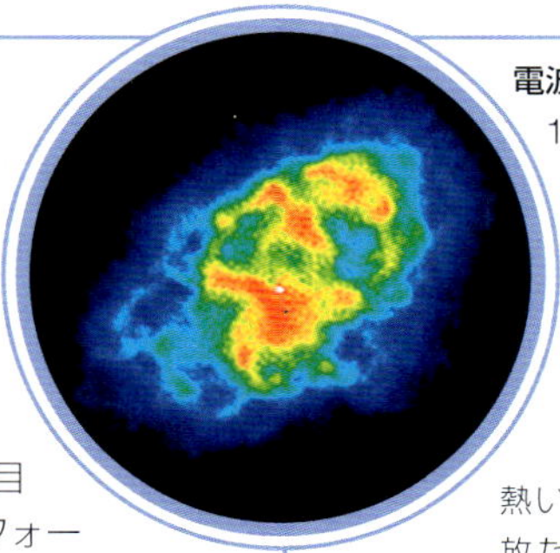

電波の波長は1mmから10kmほど。電波はほかの電磁波よりもエネルギーが低い。

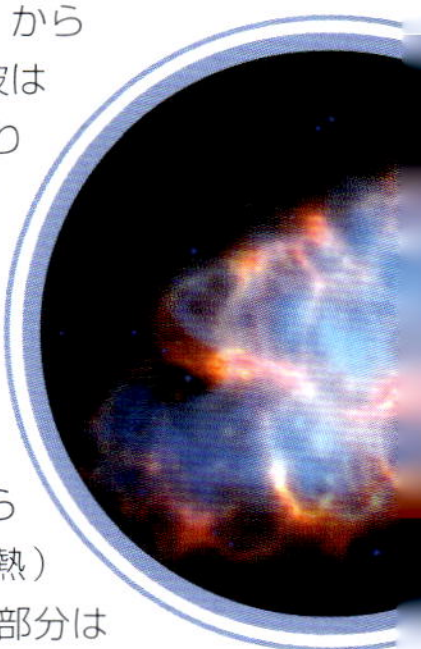

熱いガスやちりから放たれる**赤外線**（熱）は赤く見える。青い部分は高速で移動する電子からの赤外線。

| 電波 | マイクロ波 | 赤外線 |

電波と赤外線の間の波長

12 | 宇　宙

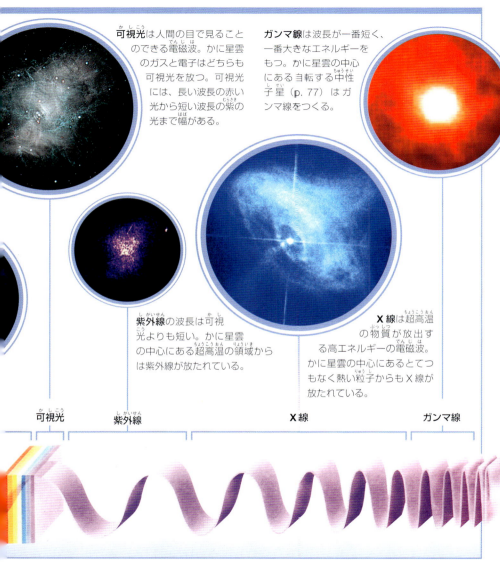

夜空の地図

夜の空は星でうめつくされています。あちこちに散らばる光の点を見分けるには、古代の天文学者と同じ方法で夜空を見るとわかりやすいです。夜空を、地球を取り囲む巨大な球に見たてるのです。古代の天文学者は夜空の星をつないで図形を描き、星座とよびました。

天の北極は地球の北極の真上にある

天 球

地球上で位置を表すときは想像上の座標を利用する。地球の座標は、地球を上下に二分割する赤道、赤道をはさんで両側に走る緯線、南極と北極を通る経線からなる。夜空を観測する天文学者も天球に想像上の座標を当てはめる。天にも南極と北極、赤道を置き、天の南極と北極を通る赤経、天の赤道をはさんで両側に走る赤緯を引く。天体の位置は赤経と赤緯の交わる点を使って表す。地球の公転や自転によって移り変わる天体の動きを追うときにも座標は役に立つ。

火星
太陽
水星
金星

太陽はいつも同じ場所にいない。**黄道**とよばれる線の上を移動するように見える

14 | 宇 宙

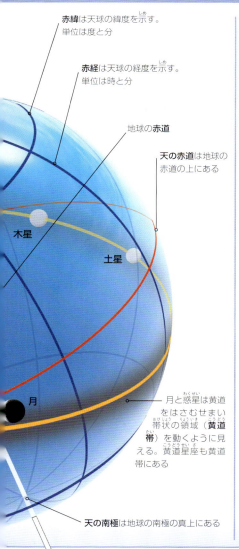

赤緯は天球の緯度を示す。単位は度と分

赤経は天球の経度を示す。単位は時と分

地球の**赤道**

天の赤道は地球の赤道の上にある

木星

土星

月

月と惑星は黄道をはさむせまい帯状の領域（**黄道帯**）を動くように見える。黄道星座も黄道帯にある

天の南極は地球の南極の真上にある

星をつなぐ

専門家もアマチュア天文家も星をつないで夜空を観測する。まず簡単に見分けのつく星や星座を見つける。頭の中で近くの星に線を引き、また同じように次の星にも線を引く。どんどん線を伸ばしていくと目的の星にたどりつける。

おおぐま座の端にある 2 個の明るい星メラクとドゥーべをつないでいくと北極星にたどりつく。

オリオン座のベルトをつくる 3 個の明るい星をつないでいくとおうし座の赤色巨星アルデバランにたどりつく。

夜空の地図 | 15

北天

夜空の星は観測する場所、時間、季節によってちがう位置に見えます。地球が太陽のまわりを回るのにしたがって、夜空に現れる天球の場所も変わります。地球からは1年を通して星座の移り変わりを見ることになります。天文学者は星座を利用して天体の位置を確認します。

北天の星座

天球の北側半分（北天）にある星や星座の位置を平面上に表すと右ページの星図のようになる。中心にあるのは北極星。北極星は地球の北極の真上にある。

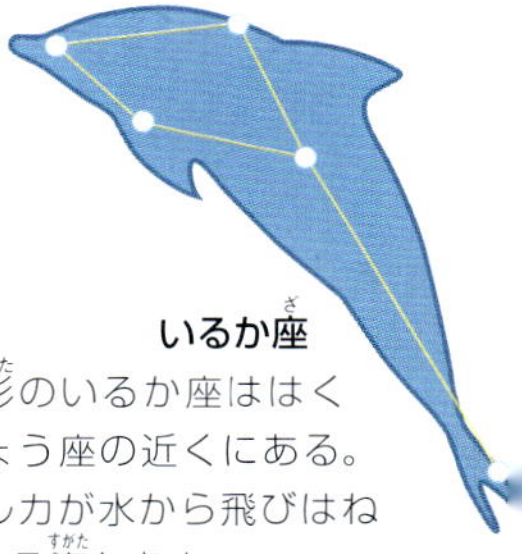

星座をつくる

古代バビロニアやギリシアの天文学者は、星をつないだ形に神話や伝説に登場する神や動物の姿を当てはめ星座をつくった。現在の天文学では星座は88個ある。

いるか座
凧形のいるか座ははくちょう座の近くにある。イルカが水から飛びはねている姿を表す。

オリオン座
オリオンはギリシア神話に登場する優れた狩人。3個並んだ星はオリオンのベルトを表す。この3個の星は見つけやすく、空のよい目印となる。

しし座
星をつないでできた形はライオンがしゃがんでいる姿に見える。ライオンの頭から胸にかけて並ぶ6個の星は「ししの大鎌」とよばれる。

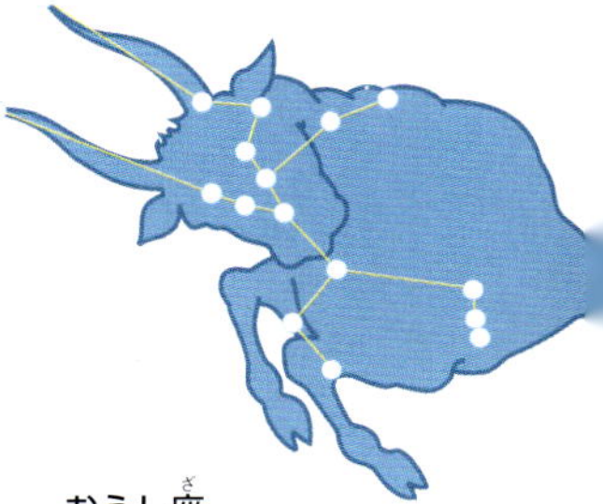

おうし座
神話に出てくる牛の頭と上半身を表す星座。牛の角の先にはそれぞれおうし座ベータ星とおうし座ゼータ星がある。

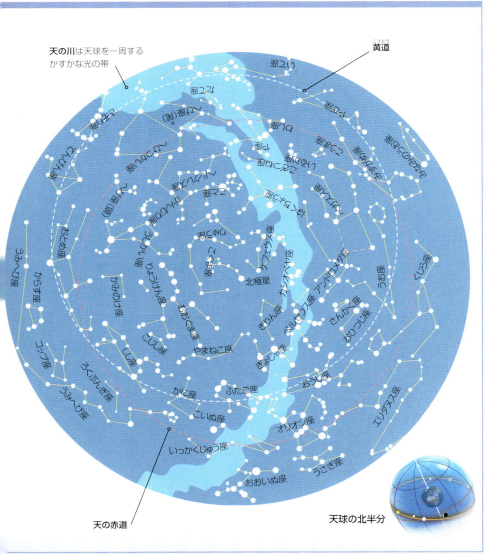

南　天

天球の南側半分（南天）にある星や星座の位置を平面上に表すと右ページの星図のようになります。星図の端にある星は北半球からも南半球からも見えます。星図の中心は地球の南極の真上にあります。

黄道帯

太陽は天球で黄道帯とよばれる帯状の部分を1年かけて回る。黄道帯には12の星座（おひつじ座、おうし座、ふたご座、かに座、しし座、おとめ座、てんびん座、さそり座、いて座、やぎ座、みずがめ座、うお座）がある。

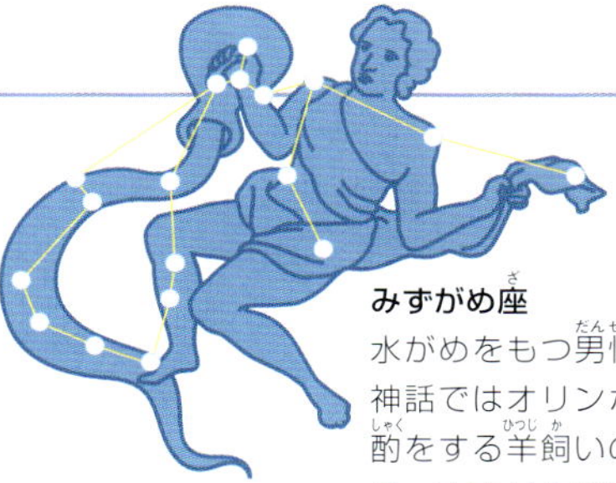

みずがめ座

水がめをもつ男性はギリシア神話ではオリンポスの神々に酌をする羊飼いの若者とされる。みずがめ座にはらせん星雲（p. 92〜93）がある。

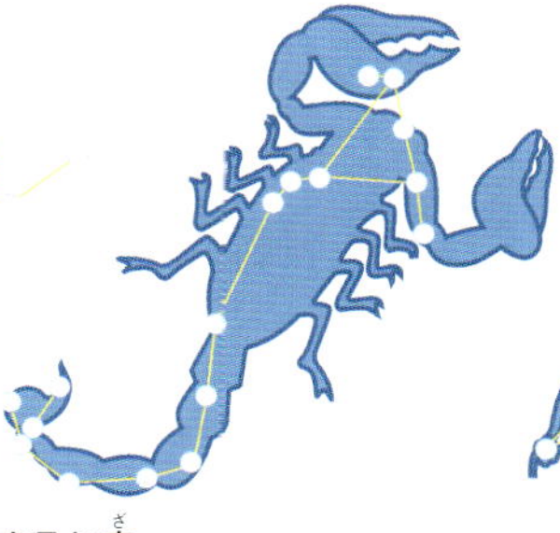

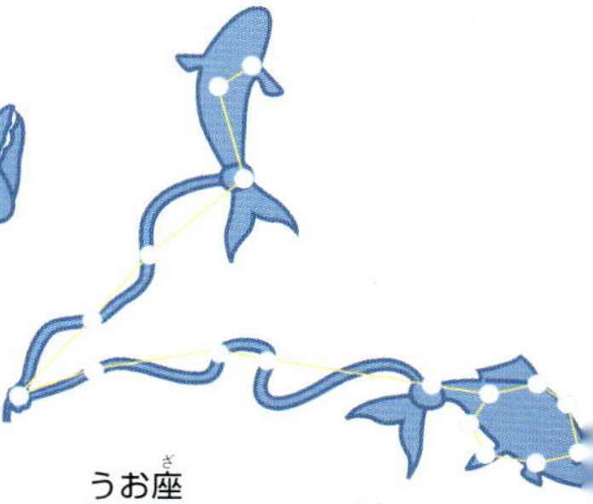

いて座

いて座はギリシア神話に登場するケンタウロス（半人半馬の生き物）が弓を引く姿を表す。いて座にある深宇宙天体のひとつが干潟星雲（p. 88）。

さそり座

ギリシア神話で狩人のオリオンを刺し殺したさそりを表す。さそり座はわたしたちのいる天の川銀河の中心方向にある。

うお座

神話に出てくる2匹の魚を表す。片方の魚の体にある、よく目立つ7個の星を「飾り環」という。

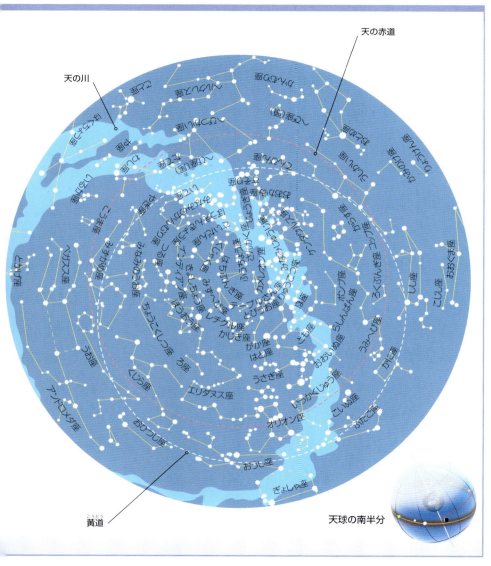

天の赤道

天の川

こうどう
黄道

天球の南半分

天の川銀河 わたしたちの属する天の川銀河は円盤の形をしている。この円盤の中に太陽系はある。夜空にかかるもやのような帯状の天の川の正体は、天の川銀河をつくる数千億個の恒星だ。ところどころに、暗いちりの雲で隠されている場所もある。

天の川銀河の中心で放たれた
光が地球に届くまでには
2万6,000年かかる

宇宙の研究 うちゅうの けんきゅう

人類の長い歴史の中で大半の時代は自分の目だけを頼りに夜空の恒星や惑星を観察していました。16世紀に入り望遠鏡が発明されると夜空が一気に広がりました。現在は、高性能の望遠鏡やコンピュータを使って、さらに遠く離れた天体を研究できます。左の写真はチリのパラナル天文台に設置された超大型望遠鏡4基のうちの1基です。より鮮明な星像を写し出すために、レーザー光を発射して、コンピュータで鏡の形を調整する装置を備えています。

電波望遠鏡 電波望遠鏡は、湾曲した巨大な皿形アンテナで宇宙からの電波を集める。写真はAPEX望遠鏡のアンテナ。

望遠鏡のしくみ

望遠鏡は遠い天体から届く光を集め拡大して観測する装置です。人間の目では見えないほど遠くの光を集めることもできます。発明されたころの望遠鏡は月など近くの天体を見る簡単な装置でしたが少しずつ改良され、現在では数十億光年も離れた光を観測できる高性能の装置がつくられています。

光学望遠鏡

光学望遠鏡はおもに肉眼で見える光をとらえる。光学望遠鏡には対物鏡とアイピースというだいじな部品が二つある。遠い天体からの光を対物鏡（主鏡）で集めて焦点を合わせ、アイピースを通して天体の像を見る。ほとんどの望遠鏡で鏡が使われる。

ファインダーを使って目的の天体のおおよその場所をさがす

主鏡

アイピース

ニュートン式望遠鏡は簡単なつくりの光学望遠鏡だ。主鏡で集められた天体からの光は反射されて副鏡に送られ、副鏡でも反射されアイピースに向かう。わたしたちはアイピースを通して、焦点の合った拡大像を見る。

アイピースを通して拡大像を見る

対物レンズは1枚または複数のレンズでできている

平らな副鏡が光を反射してアイピースに向かわせる

遠い天体からの光

主鏡は光を副鏡に反射し焦点を合わせる

屈折望遠鏡はレンズを使って光を屈折させるしくみの、小さな望遠鏡。レンズで集めた光を小さな鏡で焦点合わせし、屈折させてアイピースに送る。アイピースを通して星の像を見る。

アイピース

遠い天体からの光

宇宙の研究

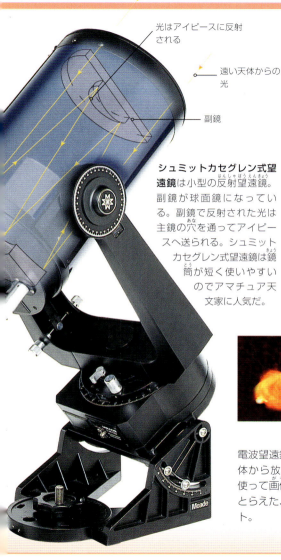

光はアイピースに反射される

遠い天体からの光

副鏡

シュミットカセグレン式望遠鏡は小型の反射望遠鏡。副鏡が球面鏡になっている。副鏡で反射された光は主鏡の穴を通ってアイピースへ送られる。シュミットカセグレン式望遠鏡は鏡筒が短く使いやすいのでアマチュア天文家に人気だ。

補償光学

大気がゆらいでいるため、地上からは星の光もゆらいで見える。この問題を解決するために補償光学という装置をとりつけた大型望遠鏡がある。補償光学装置はレーザービームを空高く発射して、高度100kmあたりの大気を光らせ人工の星をつくる。人工星のゆらぎを測定し、その結果をもとにコンピュータで計算して副鏡の形を決める。計算どおりに副鏡を変形させると目的の星の光がはっきり見える。

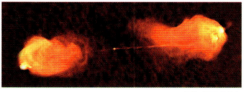

電波望遠鏡

電波望遠鏡は特定の電波に合わせて観測できる。天体から放出された電波を受信し、コンピュータを使って画像に変換する。上の写真は、電波望遠鏡がとらえた、銀河の中心部から噴き出した宇宙ジェット。

地上の望遠鏡

現在、地上に設置されている望遠鏡には光学望遠鏡と電波望遠鏡の2種類があります。ほとんどの大型光学望遠鏡はレンズではなく鏡を使い、可視光と赤外線をとらえます。電波望遠鏡は金属製の皿形アンテナで宇宙からの電波を集め受信機に送ります。

ケック
Keck

ケック望遠鏡ⅠとⅡは双子の望遠鏡。2基とも世界最大の光学赤外線望遠鏡だ。地上に設置されたすべての望遠鏡につきものの問題（大気のゆらぎによって生じる光のゆがみ）を修正するために、ケック望遠鏡には補償光学装置がついている。

設置場所 マウナケア、ハワイ州（アメリカ合衆国）
主鏡の直径 それぞれ10m
種　類 光学
設置年 ケックⅠは1993年、Ⅱは1996年

カナリア大型望遠鏡
Gran Telescopio Canarias

人工の光が届かない、標高2,267mに設置されている。夜空を観測するには理想の場所だ。カナリア大型望遠鏡は2012年の時点で世界最大の光学望遠鏡だった。太陽系の外の惑星を観測している。

設置場所 ロケ・デ・ロス・ムチャーチョス天文台、ラ・パルマ（カナリア諸島）
主鏡の直径 10.4m
種　類 光学
設置年 2007年

大双眼望遠鏡
Large Binocular

2枚の主鏡が並んでとりつけられている。2枚で直径11.8mの鏡1枚と同じだけの光を集める。分解能（解像度。細かく観測できる能力）は直径22.8mの鏡に相当する。

設置場所 グラハム山国際天文台、アリゾナ州（アメリカ合衆国）

主鏡の直径 それぞれ8.4m

種類 光学

設置年 2004年

超大型望遠鏡
Very Large Telescope (VLT)

超大型望遠鏡は4基の望遠鏡からなる。1基ずつ単独で観測できるし、4基をつないで1基の望遠鏡としても観測できる。単独では、裸眼の40億倍も細かく見分けられる。4基を合わせると単独の場合の25倍細かく見分けられる。

設置場所 パラナル天文台、アタカマ砂漠（チリ）

主鏡の直径 それぞれ8.1m

種類 光学

設置年 1基目は1998年

マクマス・ピアス太陽望遠鏡
McMath-Pierce

太陽を観測する望遠鏡の中では一番大きい。地上で集めた太陽光を、鏡を使って地下の観測室まで導く。マクマス・ピアス太陽望遠鏡は黒点(太陽表面に見える一時的に温度が低くなった領域)も観測している。

設置場所 キットピーク、アリゾナ州(アメリカ合衆国)
主鏡の直径 1.6m
種類 光学
設置年 1962年

アタカマ大型ミリ波サブミリ波干渉計
Atacama Large Millimetre Array (ALMA)

地上に設置した66基のアンテナを組み合わせた高感度望遠鏡。宇宙の中で一番温度の低い天体(一番古く、一番遠い銀河の中にある巨大な雲)から届く電磁波をとらえる。このような電磁波をミリ波という。ミリ波の波長は約1mm、赤外線と電波の間の長さ。

設置場所 チャナントール天文台、アタカマ砂漠(チリ)
アンテナの直径 12m(54基)と7m(12基)
種類 電波
設置年 2004〜2012年

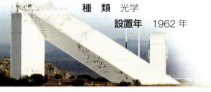

超大型干渉電波望遠鏡群
Very Large Array (VLA)

電波を受信するアンテナを多く設置して組み合わせると、アンテナ1基よりもたくさんの電波を集めることができる。超大型干渉電波望遠鏡群には27基のアンテナがある。アンテナは線路の上を移動し、それぞれの場所に配置される。アンテナは単独で使うこともできるが、組み合わせるとよりくわしく観測できる。超大型干渉電波望遠鏡群を使ってブラックホールの研究が行われている。

設置場所 国立電波天文台、ニューメキシコ州(アメリカ合衆国)
アンテナの直径 それぞれ25m
種類 電波
設置年 1980年

アレシボ
Arecibo

アレシボ天文台には単独のアンテナでは世界最大の電波望遠鏡がある。アレシボのアンテナは谷のくぼ地を利用してつくられた。アレシボでは宇宙の解明につながる大発見がなされている。太陽系外の惑星がはじめて発見されたのもアレシボだ。

設置場所　アレシボ
　　　　　　（プエルトリコ）
アンテナの直径　305m
種　類　電波
設置年　1963年

地上の望遠鏡

宇宙の望遠鏡

大気がX線やガンマ線などを吸収するため地上ではこれらの電磁波を観測できませんが、宇宙に行けば研究できます。また地上では大気によって星がゆらいで見えますが、宇宙空間ではそのような問題も起こりません。宇宙に設置された望遠鏡は地上の望遠鏡よりはっきり、よりくわしく星の姿をとらえます。

チャンドラX線観測衛星
Chandra X-ray Observatory

高エネルギーの領域（たとえば爆発した星の残がい）から放射されるX線を観測する。チャンドラの鏡はX線を集めるために、表面がイリジウムと金でおおわれている。

主鏡の直径 1.2m
種類 X線
打ち上げ日 1999年7月23日
長さ 13.8m

スピッツァー宇宙望遠鏡
Spitzer Space Telescope

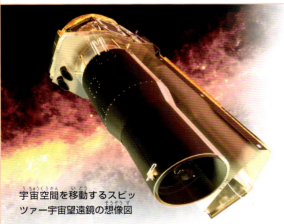

宇宙空間を移動するスピッツァー宇宙望遠鏡の想像図

宇宙で一番大きな赤外線望遠鏡。エネルギーの低い赤外線を放射する天体をおもに観測する。たとえば小さくて薄暗い星、太陽系外の惑星、巨大なガス雲など。

主鏡の直径 85cm
種類 光学
打ち上げ日 2003年8月25日
長さ 4.5m

ハッブル宇宙望遠鏡
Hubble Space Telescope

ハッブル宇宙望遠鏡は地球の上空約560kmの軌道を回る。天体から放射される赤外線、可視光、紫外線をとらえる。ハッブル宇宙望遠鏡によって宇宙のようすがよくわかるようになった。またハッブル宇宙望遠鏡の観測をもとに宇宙の年齢（130億から140億年の間）や宇宙の膨張する速さが算出された。ハッブル宇宙望遠鏡がとらえた超深宇宙の可視光画像（p. 114～115）はこれまでに観測された宇宙の中で一番遠くを、一番くわしく見せてくれる。

主鏡の直径 2.4m
種　類 光学
打ち上げ日 1990年4月24日
長　さ 12.9m

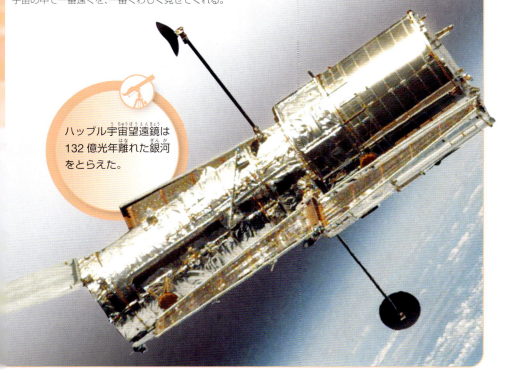

ハッブル宇宙望遠鏡は132億光年離れた銀河をとらえた。

宇宙の望遠鏡 | 31

ハッブル宇宙望遠鏡は
とても感度が高い。
たとえば2mの間をあけて立てた2本の
ろうそくを、約1万1,300km離れた
場所からでも2本別々に見分けられるほど

ハッブル 左の画像はハッブル宇宙望遠鏡がとらえた星団NGC602。天の川銀河のすぐ外側に位置する小マゼラン雲の中にある。掃天観測用高性能カメラを使ってかなり細かいようすが写し出されている。輝いているのは若い星。

太陽系 たいようけい

太陽の近くには8個の惑星とその衛星、岩石や氷でできた、無数の小さな天体(準惑星、小惑星、すい星など)があります。これらの天体はすべて、太陽の重力によってつなぎとめられ、太陽のまわりを回っています。太陽と太陽のまわりを回るすべての天体を合わせて太陽系といいます。太陽系は約46億年前に誕生しました。高密度のガス雲から太陽が誕生して間もなくのことでした。

クレーター 月面にはあばたのようなクレーターがある。遠い昔に小惑星が月にぶつかってできたくぼみだ。

太陽系の家族 たいようけいのかぞく

今から約46億年前、ガスとちりでできた巨大な雲から太陽系ができはじめました。ガスとちりは数百万年をかけて重力によってくっつき、雲は縮んで回転する平らな円盤になりました。円盤の中央のとても高温な部分から太陽が生まれました。太陽のまわりの物質は塊をつくり、やがて惑星や小惑星、月やすい星になりました。

若い太陽のまわりにできた円盤

太陽系の成り立ち

若い太陽のまわりの円盤の中でちりと氷の粒がぶつかり合い、塊になりはじめた。太陽に近いところでは、岩石の塊が衝突して岩石惑星となった。円盤の外の方では岩石や氷のまわりにガスが集まり、巨大なガス惑星となった。円盤の端にはたくさんの氷の塊が残された。

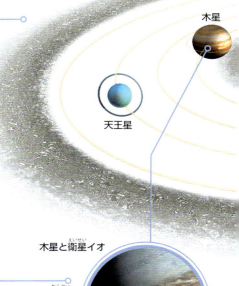

木星と衛星イオ

大型の惑星

太陽系の中心から離れたところに4個の巨大な惑星がある。木星と土星はガスでできた大気の層で厚くおおわれるため巨大ガス惑星ともよばれる。天王星と海王星は大気に凍ったメタンを含むため巨大氷惑星とよばれる。

太陽系

太陽のまわりを回る軌道には 8 個の惑星（水星、金星、地球、火星、木星、土星、天王星、海王星）と無数の小さな天体（準惑星、衛星、小惑星、すい星、流星体）がある。

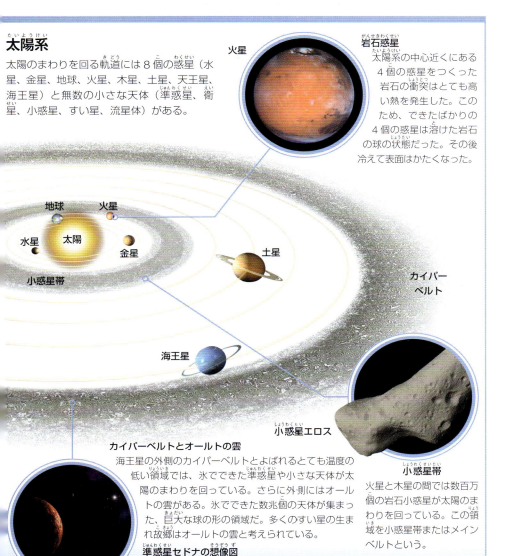

火星

岩石惑星

太陽系の中心近くにある 4 個の惑星をつくった岩石の衝突はとても高い熱を発生した。このため、できたばかりの 4 個の惑星は溶けた岩石の球の状態だった。その後冷えて表面はかたくなった。

カイパーベルトとオールトの雲

海王星の外側のカイパーベルトとよばれるとても温度の低い領域では、氷でできた準惑星や小さな天体が太陽のまわりを回っている。さらに外側にはオールトの雲がある。氷でできた数兆個の天体が集まった、巨大な球の形の領域だ。多くのすい星の生まれ故郷はオールトの雲と考えられている。

準惑星セドナの想像図

小惑星エロス

小惑星帯

火星と木星の間では数百万個の岩石小惑星が太陽のまわりを回っている。この領域を小惑星帯またはメインベルトという。

太陽系の家族 | 37

岩石惑星

太陽に近い惑星（水星、金星、地球、火星）を岩石惑星といいます。岩石惑星にはおもに岩石と金属でできたかたい地殻があります。岩石惑星には衛星をもつものと、まったくもたないものがあります。

ここに注目！
大　気
大気は惑星を取り巻く気体の層。惑星の重力によって引きつけられている。

水星
Mercury

水星は太陽に一番近い惑星。地表の温度は太陽の当たる面では430℃まで上がり、焼けつくように熱くなる。当たらない面は−180℃まで下がり、とても寒い。

遠日点距離　6980万km
直　径　4,879km
公転周期　88日
自転周期　58.6日

金星
Venus

金星は厚い雲でおおわれる。惑星の中で唯一、レーダー画像で表面のようすを見ることができる（下の画像）。太陽のまわりを回るよりも長い時間をかけて自転軸のまわりを回る。

遠日点距離　1億890万km
直　径　1万2,104km
公転周期　224.7日
自転周期　243日

▲ 金星は二酸化硫黄と硫酸でできた厚い雲でおおわれているため、太陽の光が表面にほとんど届かない。

▲ 地球の大気に含まれるガスは、太陽光の中の青色を赤色よりも大きく散乱させる。このため空が青く見える。

▲ 火星の大気の層は薄く、おもに二酸化炭素でできている。大気中のちりによって火星の空はピンク色に見える。

地球
Earth

宇宙から見た地球は青い。表面の大部分を海がおおうからだ。海の深さは一番深い場所で11kmほど。海の底の地殻は岩石でできている。

遠日点距離　1億5260万km

直　径　1万2,756km

公転周期　365.25日

自転周期　23.9時間

火星
Mars

火星のほこりっぽい土には酸化鉄が含まれるため、火星は赤く見える。火星には巨大な峡谷とたくさんの火山がある。

遠日点距離　2億4920万km

直　径　6,792km

公転周期　687日

自転周期　24.6時間

岩石惑星

巨大ガス惑星

岩石惑星の外側には巨大な惑星（木星、土星、天王星、海王星）があります。中心は岩石と氷でできていて、その外側を高密度の大気が取り巻き、たくさんの衛星をしたがえています。

ここに注目！
環
すべての巨大ガス惑星にはちりと岩石と氷でできた環がある。

木　星
Jupiter

太陽系で一番大きな惑星。直径は地球の11倍もある。それほど巨大な惑星だがほかの惑星よりも自転速度は速い。自転速度が速すぎるため赤道部分がわずかにふくらみ、大気中の雲がひっぱられて厚いしま模様をつくる。地球から見える木星は固体でできた地表面ではなく大気が取り巻く上層部分。

遠日点距離　8億1600万km
直　径　14万2,984km
公転周期　11.9年
自転周期　9.9時間

40 ｜ 太陽系

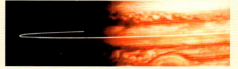

▲木星の環はとても細い。上図は赤道上にある環の想像図。

▲天王星のまわりにはちりでできた細い環が13本ある。上の画像は長時間撮影した天王星の環。環を横切る細い筋は恒星の動いたあと。

土 星
Saturn

土星ははっきりした環をもつ、とても特徴のある惑星だ。土星はおもにガスと液体でできている。太陽系のほかの惑星と比べると密度は低い。土星の大気は3層の雲（主成分は上からアンモニア、硫化水素アンモニウム、水）からなると考えられている。

遠日点距離 15億km
直　径 12万536km
公転周期 29.5年
自転周期 10.7時間

巨大ガス惑星

天王星
Uranus

ほとんどの惑星の自転軸は軌道に対してまっすぐだが、天王星の自転軸は横に倒れている。小惑星が衝突してひっくり返ったと考えられている。地球からは天王星の上から下方向に環が見える。天王星の大気はおもに水素とヘリウム、少量のメタンとわずかな水とアンモニアでできている。

遠日点距離 30 億 km
直　径 5 万 1,118km
公転周期 84 年
自転周期 17.2 時間

海王星
Neptune

海王星は大気中のメタンのはたらきで深い青色に見える。大気の中では時速 2,160km の風が吹いている。とても風の強い惑星だ。海王星は太陽系の中で一番温度の低い惑星でもある。雲の上層部の温度は−201℃。

遠日点距離 45 億 km
直　径 4 万 9,528km
公転周期 164.8 年
自転周期 16.1 時間

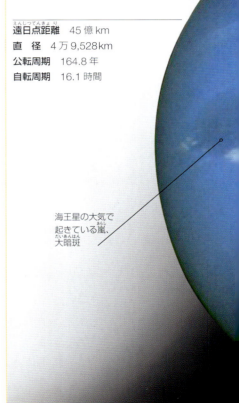

海王星の大気で起きている嵐、大暗斑

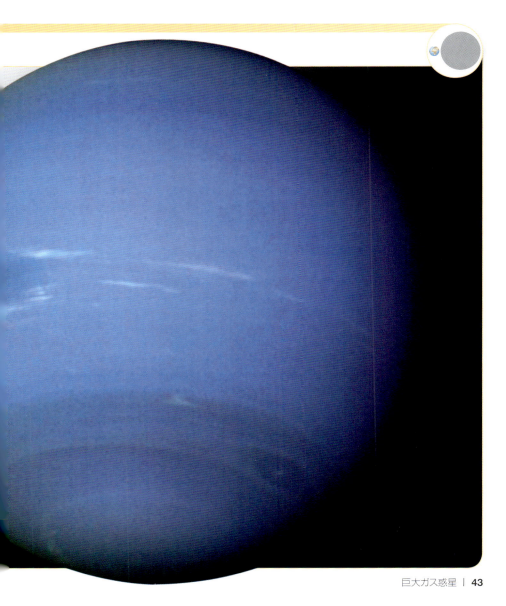

惑星の地形、気象

望遠鏡や宇宙船の開発が進み、太陽系の惑星の研究も進展しました。岩石惑星のクレーター、山脈や峡谷、巨大ガス惑星の大嵐や大きな環など惑星の地形や気象のようすがたくさん明らかになってきました。

カロリス盆地　Caloris Basin
水星

カロリス盆地はアメリカのテキサス州よりも広い、大きな盆地だ。盆地の中にはたくさんのクレーターがある。カロリス盆地は大きな小惑星が水星に衝突したときに生じた衝撃波と巨大地震によってつくられた。

地　形　盆地
大きさ　直径 1,500km

盆地の底にあるクレーター

ブラームスクレーター
Brahms Crater　水星

クレーターのまわりを小さな山が取り囲む。噴出物（衝突によって放出された岩石の破片など）がクレーターのへりに沿って小さな山をつくり、山の斜面は階段状になっている。このような地形はこの大きさのクレーターによく見られる。

地　形　衝突クレーター
大きさ　直径 98km

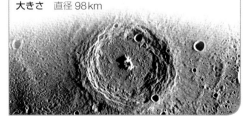

ディスカバリー断崖
Discovery Rupes　水　星

水星では断崖のような尾根が16か所発見されている。その中で一番長い尾根がディスカバリー断崖。水星が誕生して間もないころ、岩石でできた地殻が裂け押し上げられてできた。

地　形　尾根
長　さ　500km

クレーターを横切るディスカバリー断崖

ミードクレーター　Mead Crater
金　星

金星で一番大きなクレーター、ミードクレーターには同心円状の輪がいくつかある。ミードクレーターは金星に小惑星が衝突してできた。衝突により溶けた岩石、または地下からあふれ出した溶岩がその後冷えて、クレーターの内側に浅い盆地ができた。

地　形　多重リングクレーター
大きさ　直径280km

マート山　Maat Mons
金　星

金星には数百の火山があり、そのうちいくつかは現在も活動しているようだ。マート山は金星で一番大きな火山。マート山のすそ野には溶岩流が数百キロメートルにわたって広がっている。

地　形　盾状火山
高　さ　8km

惑星の地形、気象

イシュタル大陸 Ishtar Terra
金 星

下の図はフォールスカラー画像で表したイシュタル大陸。イシュタル大陸は金星に二つある大陸（まわりよりも高い、または山の連なる地帯）のうちのひとつ。オーストラリアほどの広さで、高さは 3.3km。

地　形　高地
長　さ　5,610km

アダムスクレーター Addams Crater
金 星

片側に長い尾のある、めずらしい形のクレーター。尾の部分は溶岩や岩くずでできている。アダムスクレーターは小惑星が金星に衝突したときクレーターの片側に噴出物（衝突によって放出された岩くず）が飛ばされてできた。溶岩と噴出物がクレーターの縁から東側に向かって伸び、魚のような形になった。

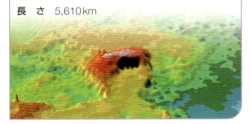

エイストラ地域 Eistla Regio
金 星

1980年代に軌道船パイオニア・ビーナス・オービターによってはじめて観測された。エイストラ地域は金星の赤道付近にある高地。グラ山やシフ山など火山の多い地帯だ。

地　形　火山の多い高地
長　さ　8,015km

二つの火山のうち大きい方がグラ山

溶岩流が数百キロメートル伸びる

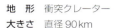

地　形　衝突クレーター
大きさ　直径90km

サパス山　Sapas Mons
金　星

金星にに盾状（皿をひっくり返した形）の火山が多い。サパス山もゆるやかなすそ野が広がり、なだらかな斜面の伸びる盾状火山。頂上には2個のメサ（まわりより高く、上部の平らな地形）がある。

地　形　盾状火山
高　さ　1.5km

頂上のメサ

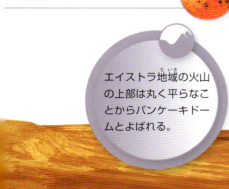

エイストラ地域の火山の上部は丸く平らなことからパンケーキドームとよばれる。

惑星の地形、気象 | 47

ヒマラヤ山脈　Himalayas
地　球

地球の表面はプレートという岩盤でおおわれている。プレートはとてもゆっくり動いている。5000万から3000万年前、プレートの動きに伴い陸の塊（現在のインド）がアジアの南東部に衝突した。この衝突によってできたのが、地球で一番高い山岳地帯ヒマラヤ山脈だ。ヒマラヤ山脈は現在も上昇し続けている。100年に50cmと、とてもゆっくりだが。

地　形　山岳地帯
長　さ　3,800km

南極氷床　Antarctic Ice Sheet
地　球

南極大陸のほぼ全域をおおう巨大な氷の塊を南極氷床という。南極氷床に含まれる水は地球上の淡水の70％以上をしめる。氷床の厚さは場所によっては4.5kmにもなる。

地　形　大陸氷床
面　積　1254万km^2

バリンジャークレーター　Barringer Crater
地　球

アメリカ合衆国アリゾナ州にある。約5万年前、キャニオン・ディアブロ隕石（p.73. 直径50mほどの鉄とニッケルでできた大きな塊）が衝突してできた。衝突したときの衝撃はすさまじく、隕石の大部分を溶かし、数百万トンの砂岩と石灰岩をあらゆる方向に吹き飛ばした。

地　形　衝突クレーター
大きさ　直径1,200m

サハラ砂漠 Sahara Desert
地 球

地球で一番大きな砂漠。アフリカ大陸の約10％をしめる。砂漠をわたる風がつくる砂丘は高さ300mになることもある。サハラ砂漠では雨がほとんど降らない。

地　形　砂漠
面　積　907万 km²

ナイル川 River Nile
地 球

地球で一番長い川。北に向かい地中海に注ぐ流域の大部分は砂漠だが、ナイル川の運んだ堆積物によって両岸には肥沃な農地が広がる。

地　形　川
長　さ　6,695 km

ナイル川がもたらした肥沃な堆積物が河口に三角州（デルタ）地帯をつくっている

オリンポス山　Olympus Mons
火星

太陽系で一番高い山。高さ24kmの大きな盾状火山（すそ野が広がり、斜面がなだらかな火山）。体積を比較すると地球の盾状火山の50倍は大きい。

地形　盾状火山
大きさ　直径624km

頂上にはカルデラ（陥没してできたくぼ地）が6個ある

ビクトリアクレーター　Victoria Crater
火　星

衝突クレーターの縁がホタテ貝のような、めずらしい形をしている。たくさんの入り江のような部分は、縁をつくる高い尾根が侵食され、壁が内側に崩れ落ちてできた。えぐられてむき出しになった、クレーターの内側の壁は堆積岩が何層にも重なっている。空気または水によって運ばれた細かい岩石や砂が長い年月をかけてつくった岩石の層だ。クレーターの底にはたくさんの砂丘が並んでいる。

地　形　衝突クレーター
大きさ　直径 800 m

クレーターの
底に並ぶ砂丘

マリネリス峡谷　Valles Marineris
火　星

1971年から1972年に火星探査機マリナー9号から送られてきた画像の中に大きな地溝が見つかったことから、この地溝はマリネリス峡谷と命名された。4,000 km以上も伸びる長い峡谷だ。火星の地殻運動（惑星の地殻で起こるプレートの活動）によってつくられた最大の地形でもある。マリネリス峡谷の大部分は、アメリカ合衆国アリゾナ州のグランドキャニオンの5倍も深い。

地　形　ひと続きの峡谷
長　さ　4,000 km以上

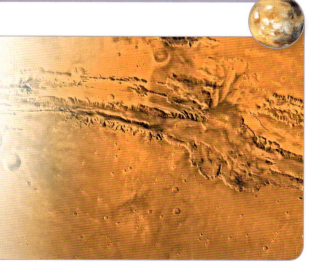

惑星の地形、気象　|　51

大赤斑 Great Red Spot
木星

大赤斑は木星の大気で起きている巨大な嵐だ。天文学者が最初に観測してから340年は経つが今なお吹き荒れている。大きさは地球の2倍。現在わかっている限り太陽系の中で一番大きな嵐だ。

気 象 嵐
大きさ 直径2万4,000～4万km

土星の環 Rings of Saturn
土星

土星にはみごとな環がある。その正体は、土星のまわりを帯状に広がって回る氷の塊。小さなちりから直径数メートルの大きな塊まで大きさはいろいろだ。土星の環は鏡のようなはたらきをし太陽の光を反射するため輝いて見える。

特徴 環
大きさ 幅1290万km

ドラゴンストーム Dragon Storm
土星

怪物のような形に見えるのでドラゴンストームとよばれる。正体は雷を伴う巨大な嵐。2004年から2005年に嵐街道とよばれる地帯で発見された。嵐街道ではたくさんの嵐が発生している。

ドラゴンストーム

気象 嵐
大きさ 北から南まで3,500km

大暗斑 Great Dark Spot
海王星

1989年、宇宙探査機ボイジャー2号が海王星に近づいたときに発見した。地球と同じくらいの大きさの嵐。1994年にハッブル宇宙望遠鏡が海王星を観測したときには消えていた。

気象 嵐
大きさ
 直径1万3,000km

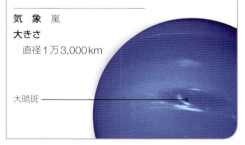

大暗斑

惑星の地形、気象

火星の谷
カンドル谷は火星の一大渓谷マリネリス峡谷の中でも最大級の谷だ。火星の地殻で起きたプレートの運動によってつくられたと考えられている。この図はカンドル谷の想像図。

ロシアでは 2020 年までに火星に
人間を送る
計画が進められている

月

ここに注目！
表と裏

月は地球のまわりを一周する間に自転軸のまわりをちょうど一周する。このため地球からはいつも月の同じ面しか見えない。

月は地球のただひとつの衛星であり、地球に一番近い天体でもあります。月には大気はほとんどありません。月は生命のいない、岩石でできた丸い塊です。月面には、45億年にわたって小惑星やすい星がつくってきた衝突クレーターが点々とあります。

▲ 地球からいつも見えるのは地球に近い面（表）。

▲ 地球から遠い面（裏）は地球からは見えない。上の写真は1959年、探査機ルナ3号によってはじめて撮影された月の裏側。

タウルス・リットロウ谷
Taurus-Littrow Valley

タウルス・リットロウ谷はタウルス山の近く、リットロウクレーターの南にあり、まわりを傾斜のきついマシフ（古いクレーターの壁でできている山の塊）で囲まれている。タウルス・リットロウ谷は月への最後の有人飛行となったアポロ17号が着陸した場所でもある。

地 形	谷
大きさ	直径30km
生成年	約38億5000万年前

静かの海
Mare Tranquillitatis

静かの海は、人類がはじめて月面に着陸した場所だ。たくさんの溶岩流によってつくられた、わりと平らで広い一帯を月の海という。

地　形　月の海（盆地または平原）
大きさ　直径873km
生成年　約36億年前

コペルニクスクレーター
Copernicus Crater

内側の壁が階段状になっている、若いクレーター。クレーターができたときに吹き飛ばされた灰色の細かい岩石がクレーターのまわりに放射状の筋（光条）をつくっている。コペルニクスクレーターの岩石はアポロ12号の宇宙飛行士によって地球にもち帰られた。

地　形　衝突クレーター
大きさ　直径91km
生成年　約9億年前

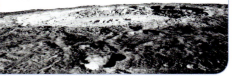

アペニン山脈
Montes Apenninus

アペニン山脈は、雨の海とよばれる盆地の南東部の外壁に位置する。小惑星が衝突して衝撃波が起き雨の海ができたとき、月の地殻も押し上げられアペニン山脈がつくられた。

地　形　山脈
長　さ　600km
生成年　約39億年前

衛星

太陽系の惑星と準惑星のまわりを回っている衛星は少なくとも175個が確認されています。クレーターだらけのあばた面をした衛星もあれば、氷でおおわれた衛星もあります。大きさも、とても小さなフォボスから巨大なガニメデまでさまざまです。

フォボス　Phobos
火　星

太陽系の衛星の中でもっとも主星（中心の惑星）に近い。フォボスは火星のまわりを毎秒2km以上で回っている。フォボスは火星の重力によって少しずつひっぱられているため、約760万年後にはばらばらになる可能性が高い。

直　径　26.8km
遠星点　9,380km
公転周期
　7.65時間

ガニメデ　Ganymede
木　星

太陽系の衛星の中で一番大きい。水星よりも大きい。地表は氷の地殻でできている。地殻の下には一部溶けた氷が何層にも重なっている。氷の層の下には岩石の層、さらにその中心には鉄でできた核がある。

直　径　5,262 km
遠星点　107万km
公転周期　7.15日

58 | 太陽系

ダイモス　Deimos
火星

ダイモスの直径は少し大きな町と同じくらい。ダイモスは炭素に富む岩石でできている。地表はもろい岩石やちりの層でおおわれる。ダイモスはもとは小惑星で、火星の重力につかまり衛星になったと考えられている。

直　径　15km
遠星点　2万3,500km
公転周期　30.3時間

エウロパ　Europa
木星

エウロパは球状の岩石が氷でおおわれてできている。氷の地殻の下には液体の水をたたえた海があるようだ。エウロパには生命が存在する可能性があると考えられている。

直　径　3,122km
遠星点　67万900km
公転周期　3.55日

フォールスカラー画像で処理した紫色の部分は極の近くに積もった霜

カリスト Callisto
木星

カリストには山も火山もない。濃い色をした地殻の部分は太陽系の中でも最大級のクレーター。カリストの地表には大きな多重リング盆地、尾根、裂け目が点々とある。

直　径　4,820km
遠星点　188万km
公転周期　16.69日

クレーターの縁と尾根の氷が明るく輝く

イオ Io
木星

堆積物には硫黄が含まれる

太陽系の衛星と惑星の中で火山活動が一番活発な天体。イオの火山活動のおもな原因は木星にある。木星の重力がイオ全体に潮汐力をおよぼしているからだ。潮汐力によりイオの内部に熱エネルギーが生じ、岩石を溶かす。溶けた岩石が火山から噴出し、イオの地表をおおう。

赤と黒の部分は最近起きた火山噴火

直 径 3,643km
遠星点 42万1,600km
公転周期 1.77日

タイタン Titan
土 星

土星で一番大きな衛星。厚い大気をもつただひとつの衛星でもある。窒素からなる大気がつくるオレンジ色のもやの下に地表は隠れているが、レーダー観測によって液体エタンとメタンでできた湖のあることがわかっている。

直 径 5,150km
遠星点 ˉ22万km
公転周期 15.95日

タイタンの赤外線画像

ミマス Mimas
土 星

たくさんのクレーターでおおわれている。土星の主要な衛星の中で一番小さい。土星に一番近い衛星でもある。巨大な衝突クレーター、ハーシェルがよく目立つ。

直 径 418km
遠星点 18万5,520km
公転周期 0.94日

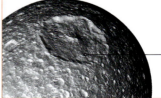

ハーシェルクレーター

衛 星

エンケラドゥス Enceladus
土 星

エンケラドゥスの南極近くにはタイガーストライプとよばれる4本の裂け目がある。地表にできた長くて深いひび割れで、定期的に水蒸気を噴き出す。エンケラドゥスは地表が氷でおおわれ太陽光の90%以上を反射するため、太陽系の中でひときわ明るく輝いて見える。

直 径 512km
遠星点 23万8,020km
公転周期 1.37日

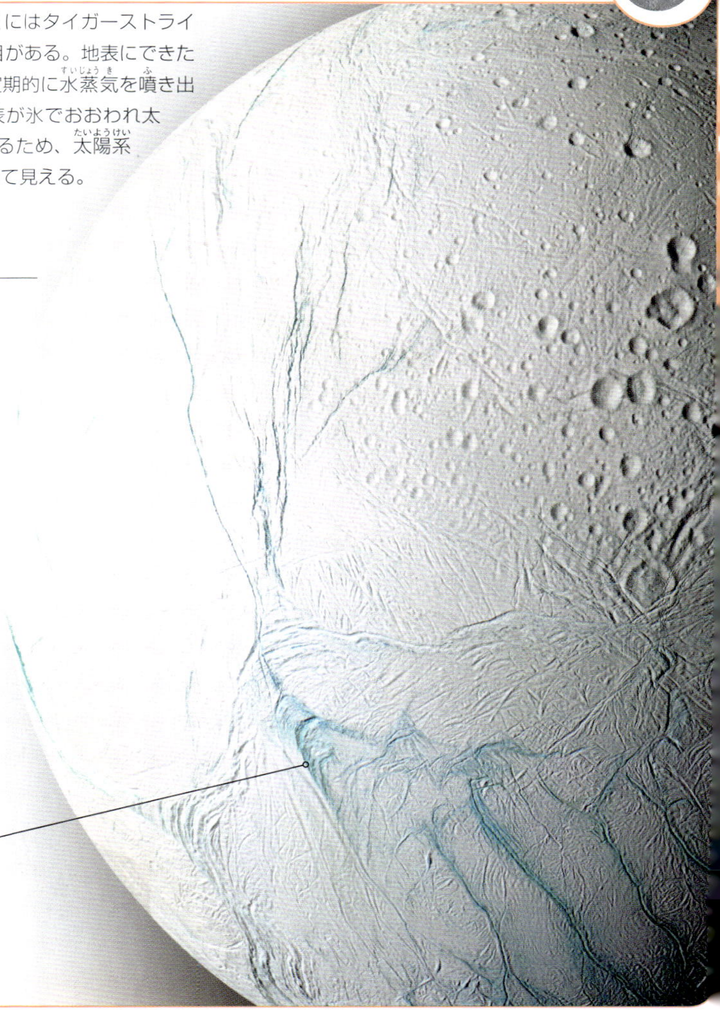

地表にできた裂け目

ヒペリオン　Hyperion
土　星

氷でおおわれたヒペリオンの地表には深いクレーターがたくさんある。その姿は宇宙に浮かぶ巨大スポンジのようだ。ほかの衛星の場合、流星体が衝突するとかたい地表から岩くずなどの破片が飛び散る。飛び散った破片は落ちてきてクレーターの中に積もる。ところがヒペリオンの場合、氷でおおわれた地表はほかの衛星ほどかたくない。もろく簡単に砕けるので流星体が衝突すると穴が開く。だが穴を埋めるほどの破片はできないためスポンジ状になる。

直　径　370km
遠星点　148万km
公転周期　21.28日

レ　ア　Rhea
土　星

土星の衛星の中で2番目に大きい。地球からは月の同じ面しか見えないように、土星からもレアの同じ面しか見えない。レアの4分の3ほどは氷でできている。残りは岩石。

直　径　1,528km
遠星点　52万7,040km
公転周期　4.5日

テティス　Tethys
土　星

土星のまわりを回る軌道を、2個の衛星（テレストとカリプソ）といっしょに使っている。地表に見られる目立つ地形はオデュッセウスとよばれる直径約400kmのクレーター。

直　径　1,072km
遠星点　29万4,660km
公転周期　1.9日

衛　星

イアペトゥス　Iapetus
土星

二つの対照的な面をもつ。片面は石炭のように暗く、もう片面（左写真）は明るい。暗い面の地表は炭素でできた物質でおおわれているようだ。

直　径　1,471km
遠星点　350万km
公転周期　79.33日

ミランダ　Miranda
天王星

ミランダの地表はいろいろな地形が寄せ集まったように見える。大きな小惑星の衝突により氷が一部溶け、岩石と氷でできた地表が上昇し、その後凍ったためにつぎはぎのような峡谷や崖や谷ができたと考えられている。

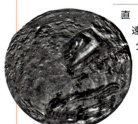

直　径　480km
遠星点　12万9,390km
公転周期　1.4日

オベロン　Oberon
天王星

天王星の衛星の中で2番目に大きい。衝突クレーターの数は天王星の衛星の中で一番多い。一番大きなクレーターは幅約296kmのハムレット。

直　径　1,523km
遠星点　58万3,520km
公転周期　13.5日

トリトン Triton
海王星

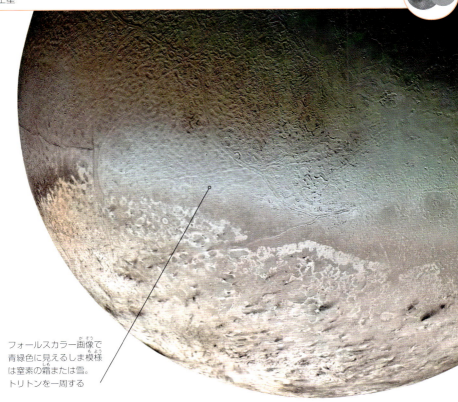

フォールスカラー画像で青緑色に見えるしま模様は窒素の霜または雪。トリトンを一周する

トリトンの地表は凍った窒素、水、二酸化炭素でできている。温度は−235℃まで下がる。氷がわずかに蒸発して薄い大気をつくる。主星（中心の惑星）の自転軸と逆向きの軌道を回る。太陽系の大きな衛星の中でこのように動くのはトリトンだけ。

直　径　2 707 km
遠星点　35万 4,760 km
公転周期　5.88日

準惑星

準惑星は太陽のまわりを回る、ほぼ球状だけれども惑星というには小さすぎる天体です。準惑星とされる天体は5個あります。1個（ケレス）は火星と木星の間の小惑星帯、4個ははるか海王星の先のカイパーベルトにあります。

冥王星
Pluto

1930年から2006年まで冥王星は惑星とされていた。2005年に冥王星よりも大きな、おもに岩石からなる天体エリスが発見されたために冥王星は準惑星に分類し直された。冥王星についてはまだよくわかっていない。表面温度は－230℃、公転軌道は楕円形。太陽のまわりを1周する248年のうち20年は海王星よりも太陽に近づく。

遠日点 73億km
直 径 約2,300km
公転周期 248年

ハウメア
Haumea

ハウメアは太陽系のほとんどの大きな天体よりも速く回転している。自転軸のまわりをきっかり1周するのにかかる時間はわずか4時間。あまりに速く回転するので長い年月が経つうちに伸びて楕円形になった。2005年に発見されたハウメアの衛星ナマカとヒイアカも球形ではない。

遠日点 77億km
直 径 平均1,400km
公転周期 282年

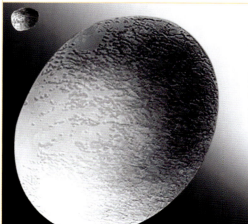

ハウメアと衛星の想像図

冥王星の想像図

ケレス
Ceres

1801年に小惑星帯ではじめて発見された天体がケレス。小惑星帯で最大の天体でもあり、小惑星帯の全質量の3分の1をしめる。

遠日点 4億4600万km
直 径 約952km
公転周期 4.6年

ケレスの想像図

エリス
Eris

太陽系で一番大きい準惑星。軌道の一部は冥王星の2倍以上太陽から離れている。小さな衛星ディスノミアがある。

遠日点 146億km
直 径 約2,300km
公転周期 561年

小惑星

太陽系が誕生したときに惑星になれずとり残された、岩石からなる小さな天体を小惑星といいます。小惑星は数百万個あり、そのほとんどが火星と木星の間の小惑星帯とよばれる広い帯状の領域で発見されています。

ここに注目！
種類
小惑星は組成に基づいて大きく3種類に分けられる。

▲ C型小惑星は炭素の豊富な粘土やケイ酸塩を含む。マティルドなど。

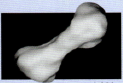

▲ ほとんどのM型小惑星はニッケルと金属を含む。クレオパトラなど。

▲ S型小惑星はケイ酸塩とニッケルや鉄を含む。エロスなど。似たような組成のV型小惑星もある。

エロス
Eros

2001年、宇宙探査機がはじめて小惑星のまわりを周回した。このときの小惑星がエロス。探査機 NEAR シューメーカーが1年をかけて観測した。ピーナッツ形の岩石の塊であるエロスの地表にはちりと岩石のかけらが積もり、光をとてもよく反射する。

遠日点	2億1800万km
長さ	34.4km
公転周期	1.76年
種類	S型

ほかの小惑星と衝突したためいびつな形になった

ベスタ
Vesta

太陽光のほとんどを反射するため、小惑星の中で一番明るく見える。地球から肉眼で見える唯一の小惑星であり、太陽系で最大の小惑星でもある。

遠日点 3億5300万km
直 径 560km
公転周期 3.63年
種 類 V型

ガスプラ
Gaspra

ケイ酸塩を多く含む。灰色の表面には小さなクレーターが数百個ある。1991年、宇宙探査機ガリレオが近くを通過したときにガスプラの表面の約80％を撮影した。

遠日点 3億3100万km
長 さ 18km
公転周期 3.29年
種 類 S型

イダ
Ida

1993年、宇宙探査機ガリレオがイダをくわしく観測したところ、驚くことに小さな衛星が見つかりダクティルと命名された。イダは、衛星をもつことが確認されたはじめての小惑星だ。クレーターの縁がはっきりしていないことから、イダはかなり古い小惑星と考えられる。

遠日点 4億2800万km
長 さ 60km
公転周期 4.84年
種 類 S型

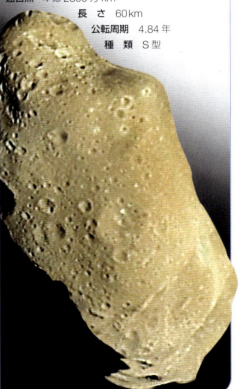

すい星

すい星は、太陽系が誕生したとき準惑星や小惑星にもなれず残された岩石や氷の塊です。太陽から遠く離れた場所で太陽系を取り巻く、とても大きなオールトの雲という領域には小さな天体が約1兆個あり、これらがすい星になると考えられています。

ここに注目！
構造

すい星の中心には氷でできた核がある。太陽に近づくとガスとちりでできた尾が伸びる。

▲ 核は汚れた氷玉とよばれる。氷玉の正体は凍ったガスと水。太陽に近づくと熱により、凍ったガスと水は蒸発し、核のまわりに雲をつくる。

▲ 太陽の熱は太陽と反対向きに2本の尾もつくる。1本はちり、もう1本はガスでできている。

ハリーすい星
Halley

最初に確認された周期すい星（200年以内に軌道を一周するすい星）。紀元前240年ごろに中国の天文学者が記録を残して以来、今日までに30回ほど観測されている。1986年には宇宙探査機ジョットが接近し、核の部分をはじめて撮影した。

近日点	8800万km
核の直径	11km
公転周期	76年

マクノートすい星
McNaught

2006年に発見され、2007年1月と2月に南半球で観測された。1960年代以来、南半球の空に現れたもっとも明るいすい星。現在は太陽と地球から遠く離れ、次回地球近くにもどってくるのは数万年後。

近日点 2億km
核の直径 25km
公転周期 9万2,600年

シューメーカー・レビー第9すい星
Shoemaker-Levy 9

発見されたとき、シューメーカー・レビー第9すい星は木星のまわりを回っていた。太陽のまわりを回っていたはずが木星の重力につかまったのだろう。最後は木星に近づきすぎて22個に分裂した。分裂したかけら（写真）は木星にぶつかった。

近星点 9万km
核の直径 8km
公転周期 2.03年

隕石

小惑星やすい星が砕けて、太陽のまわりの新しい軌道を回るようになった岩石やちりや氷の塊を流星体といいます。地球に向かって落ちてくる流星体は大気中で燃え、地上からは光の筋となって見えます。これが流星（流れ星）です。地表に落下した流星体を隕石といいます。

ホバ隕石
Hoba West

地球で発見された最大の隕石であり、地球で採掘された最大の鉄片でもある。とても重いので動かせず、落下した場所がそのまま観光名所となっている。

重さ	60トン
場所	グルートフォンテイン（ナミビア）
成分	ニッケル、鉄

キャニオン・ディアブロ隕石
Canyon Diablo

アメリカ合衆国アリゾナ州のバリンジャークレーター（p. 48〜49）をつくった隕石。隕石衝突による爆発は、第二次世界大戦中の 1945 年、広島に落とされた原子爆弾の約 150 倍の威力だった。バリンジャークレーターの近くではキャニオン・ディアブロ隕石のかけらがたくさん発見されている。クレーターの縁の地下にもたくさん埋もれている可能性がある。

重 さ 27 トン
場 所 アリゾナ州（アメリカ合衆国）
成 分 ニッケル、鉄

ナクラ隕石
Nakhla

1911 年 6 月 28 日、エジプトで大量の隕石が降った。岩石の大きな塊が大気中で砕け散ったかけらと考えられている。ナクラ隕石はそのかけらのひとつ。12 億年前にできた火山岩だ。

重 さ 40kg
場 所 アレキサンドリア（エジプト）
成 分 火山性鉱物

地球の大気を通り抜けたときに燃えてできた黒いガラス質の部分

マンドラビラ隕石
Mundrabilla

オーストラリアで発見されたたくさんの隕石のかけら。数百万年前に大気中で砕け地表に落下した。

重 さ 約 16 トン
場 所 ナラーボア平原（オーストラリア西部）
成 分 ニッケル、鉄、鉄-硫化物

マンドラビラ隕石の断面

隕 石

恒星と星雲

こうせいと
せいうん

左ページの画像はりゅうこつ座の星雲です。星雲はガスとちりでできた巨大な雲です。星雲の中の密度の高い部分で重力に引きつけられたガスとちりが塊になります。やがて塊の温度が上がり、自分で光を放つ熱いガスの球となります。恒星の誕生です。恒星は数十億年も輝き続けますが、永遠ではありません。終わりをむかえるころになると多くの恒星は外側の層をゆっくり脱ぎ捨てたり、突然、超新星爆発を起こしたりして新しい星雲をつくります。

星団
球状星団は数十万個の恒星が球形に集まった天体。写真はきょしちょう座47。

恒星の一生 こうせいのいっしょう

恒星はとほうもなく大きなプラズマの塊です。恒星が光り輝くのは、核融合という反応によって輝くガス、プラズマが生まれているからです。恒星の一生は質量の大きさで決まります。太陽ほどの大きさならば数十億年は輝きます。太陽よりも大きな恒星になるともっと早く燃えつき、太陽よりも短く一生を終えます。

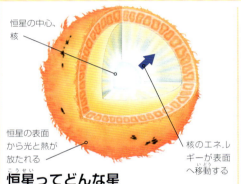

恒星の中心、核

恒星の表面から光と熱が放たれる

核のエネルギーが表面へ移動する

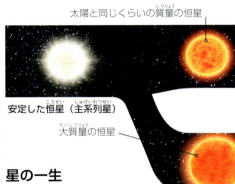

太陽と同じくらいの質量の恒星

安定した恒星（主系列星）

大質量の恒星

恒星ってどんな星

恒星はとても熱いガスでできた巨大な球体だ。おもに水素ガスとヘリウムガスが自分の重力で球体にまとまっている。核の中では水素原子が衝突してヘリウムをつくる核融合反応が起きている。恒星が輝くのは核融合で大量のエネルギーが生まれるからだ。

星の一生

恒星は生まれてから長い時間ほとんど変化しないが、中心部の核では絶えず水素がヘリウムに変化している。水素がなくなりかけると核での変化がとてつもないエネルギーを生み出し、恒星の外側の層がふくらむ。

恒星の明るさ

恒星から1秒間に放たれるエネルギーの量を光度（実際の明るさ）という。地球から見える恒星の明るさ（実視等級）は光度と地球からの距離によって決まる。このため光度のとても高い恒星でも地球から離れていれば、それほど明るく見えない場合もある。

核で水素がなくなりはじめると恒星はふくらみだす。核では水素だけでなくヘリウムも核融合をしてエネルギーをつくる。

恒星はふくらみながら外側の層を脱ぎはじめ（外側のガスを周囲に放出する）、**赤色巨星**という段階になる。

脱いだガスが、残った恒星のまわりにガスとちりの層をつくる。残った恒星は**白色矮星**になる。

白色矮星は薄暗く、やがて光を放たない**黒色矮星**となる。

核の大きさが太陽の1.5～3倍の恒星は縮んで**中性子星**に変わる。

核の水素がなくなると恒星はふくらみ**赤色超巨星**となる。

超巨星が**超新星爆発**を起こし、外側の層を吹き飛ばす。後には核だけが残り、縮みはじめる。

核の大きさが太陽の3倍以上の恒星は密度がとても高くなり縮んで**ブラックホール**をつくる。ブラックホールは強力な重力のため光さえも逃れられない、真っ黒の空間だ。活動的なブラックホールはちりとガスにまわりを囲まれ、極から宇宙ジェットとよばれるガスを噴き出す。

恒星の一生 | 77

ここに注目!
色
恒星の温度は色を見るとわかる。青いほど高く、赤いほど低い。

▲ 青い星(写真はレグルス)は一番熱い。表面温度は1万2,000℃。

▲ 大気圏外では太陽はピンクがかった白色に見える。表面温度は5,500℃。

▲ ベテルギウス(写真)はオレンジ赤色に見える。表面温度は3,200℃。太陽よりもずっと低い。

恒　　　星

宇宙には数兆個の恒星があります。大きさも重さも温度も明るさも、ひとつとして同じものはありません。時間とともに明るさが変わる恒星もあります。このような恒星を変光星といいます。2個以上の恒星がたがいのまわりを回る多重星もあります。

プロキシマ・ケンタウリ　Proxima Centauri
赤色矮星

恒星は大きさによって矮星、巨星、超巨星に分けられる。温度が低く、小さな恒星を赤色矮星という。天の川銀河の恒星のほとんどが赤色矮星だ。プロキシマ・ケンタウリも赤色矮星。太陽に一番近い恒星だが、太陽よりもずっと小さく、地球からの明るさは太陽の1万8,000分の1。

色　　オレンジ〜赤
大きさ　太陽の直径の0.14倍
星　座　ケンタウルス座
距　離　4.4光年

フォーマルハウト　Fomalhaut
白色の主系列星

1980年代、フォーマルハウトを取り巻く氷とちりの円盤を人工衛星IRASが発見したことによりフォーマルハウトに惑星の存在する可能性が期待された。2008年、ハッブル宇宙望遠鏡がフォーマルハウトの近くに惑星と思われる小さな塊を発見した。

色　白
大きさ　太陽の直径の1.8倍
星　座　みなみのうお座
距　離　25.1光年

シリウスA　Sirius A
白色の主系列星

名前はギリシア語で「焼き焦がす」を意味するセイリオスに由来する。シリウスAは夜空で一番明るく輝く恒星だ。地球にもっとも近い恒星のひとつでもある。太陽の約25倍のエネルギーを放つ。

色　白
大きさ　太陽の直径の1.7倍
星　座　おおいぬ座
距　離　8.6光年

アルタイル　Altair
白色の主系列星

アルタイルはとても速く自転する。時速約90万km、6.5時間で1回転する。あまりに速く回転するため赤道付近がふくらみ、極が平らになった。ちなみに太陽の自転速度は時速わずか6,900km。

色　白
大きさ　太陽の直径の1.6倍
星　座　わし座
距　離　16.8光年

ベ　ガ　Vega
白色の主系列星

ベガは夜空で5番目に明るい、青みを帯びた白い星だ。表面温度は約9,300℃。太陽以外で最初に撮影された恒星。

色　白
大きさ　太陽の直径の2.3倍
星　座　こと座
距　離　25.3光年

ポラリス　Polaris
多重星

天球の北極近くにある（p. 16）。別名、北極星。夜空の星は地球の自転にしたがって動くが、ポラリスだけは北の空のほぼ同じ場所にある。ポラリスは実は巨星ポラリスAと2個の主系列星からなる多重星。3個とも黄色を帯びた白色に見える。

色　黄色を帯びた白
恒星の数　3
星　座　こぐま座
距　離　434光年

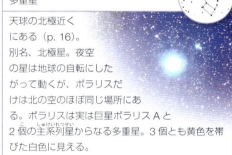

リゲル　Rigel
多重星

リゲルはアラビア語で「足」を意味する。オリオン座の足の位置にあることから名づけられた。リゲルはリゲルA、B、Cからなる三重連星。リゲルAは太陽の2倍熱く、8万5,000倍明るい青色の超巨星、リゲルBとCはあまり明るくない青白色の主系列星。

色　青〜白
恒星の数　3
星　座　オリオン座
距　離　860光年

いっかくじゅう座 15 番星　15 Monocerotis
青-白色の変光星

いっかくじゅう座 S 星ともよばれる、熱く青い変光星。明るさの変化に特別の周期はなく、少しずつ変わる。いっかくじゅう座 15 番星は二連星でもある。太陽の約 12 倍と 18 倍の大きさの似たような恒星が近いところでたがいのまわり回っている。2 個を合わせると太陽の 21 万 7,000 倍明るい。円すい（コーン）星雲の近くを明るく照らす。

色　青～白
大きさ　太陽の直径の 10 ～ 20 倍
星座　いっかくじゅう座
距離　2,500 光年

ミラ A　Mira A
赤色巨星、変光星

ミラ A は一定の間隔で膨張と収縮を繰り返す脈動変光星。脈動変光星は収縮するときに熱く、明るくなる。ミラ A は 330 日周期で肉眼で観測できないほど暗くなってから、再び明るくなる。外層の物質を尾のようにたなびかせながら、天の川銀河を時速 46 万 8,300km で移動している。

色　赤
大きさ　巨星
星座　くじら座
距離　418 光年

ミラが放出した熱い物質でできた尾の紫外線画像。尾の長さは 13 光年

ミラ

星団

恒星のつくるまとまりを星団といいます。散開星団は、同じ星雲の中でほぼ同じ時期に生まれた若い恒星のゆるいまとまりです。おたがいの結びつきもそれほど強くありません。古い恒星は重力のはたらきでとても強くつながり、球状星団をつくります。

プレアデス Pleiades
散開星団

天の川銀河の渦巻腕には散開星団がたくさんある。プレアデスはできてから1億年が経つ、直径約90光年の散開星団だ。明るく青い恒星と暗い褐色矮星（質量が小さすぎて恒星になれなかった天体）をたくさん含む。

恒星の数 1,000個以上
星　座 おうし座
距　離 440光年

オメガ・ケンタウリ Omega Centauri
球状星団

球状星団は銀河のまわりを回っている。天の川銀河では銀河円盤（銀河中心を含む平面）の上や下にある。オメガ・ケンタウリは天の川銀河の近くにある一番明るくて一番大きい球状星団だ。1000万個以上の恒星がとても強く結びつき、ひとかたまりに見えるため昔の人は1個の星と考えた。ハッブル宇宙望遠鏡のおかげで中の恒星を観測できるようになり、以前よりもくわしく研究されている。オメガ・ケンタウリの年齢は約120億年。

恒星の数 約1000万個
星　座 ケンタウルス座
距　離 1万7,000光年

宝石箱星団　Jewel Box
散開星団

ジュエルボックスまたはみなみじゅうじ座 κ 星星団ともよばれる。約 100 個の恒星を含む若い星団だ。一番明るい恒星 3 個は青色巨星、4 番目に明るい恒星は赤色超巨星。地球では南半球からしか見えない。

恒星の数　約 100 個
星　座　みなみじゅうじ座
距　離　8,150 光年

プレアデスには
若くて熱い青色の恒星が
9個含まれる。それぞれの名前は、
ギリシア神話に登場するティターン
神族のアトラスと妻と7人の娘の
名前に由来する

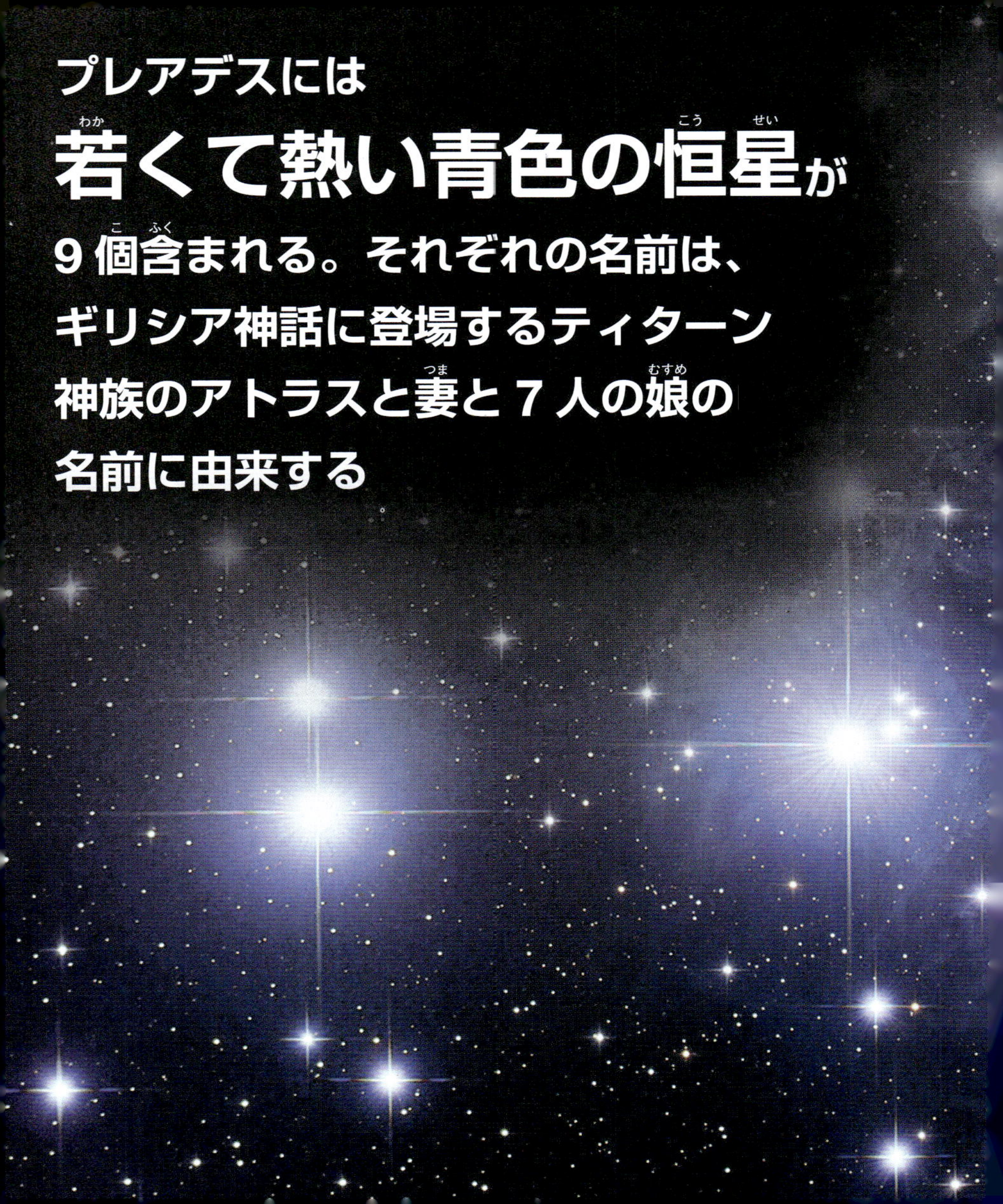

プレアデス プレアデスは1,000個ほどの恒星を含む、明るい星団だ。英語ではセブン・シスターズともよばれるが、裸眼で見えるのはたいてい6個まで。

太陽系外惑星

太陽系の外にある惑星を太陽系外惑星といいます。太陽以外の恒星にも惑星があるのではないかと、ずいぶん昔から考えられていました。1995年、太陽に似た恒星のまわりを回る惑星が発見されました。現在では数百個の太陽系外惑星が確認され、さらに続々と発見されているところです。

ケプラー20eと20f
Kepler 20e and 20f

太陽に似た恒星のまわりを回る。はじめて発見された、地球と同じくらいの大きさの岩石惑星。どちらも恒星ケプラー20に近すぎるため水はいっさい存在しない。ケプラー20にはこのほかに地球よりも大きな3個の惑星がある。

惑星の数 5個
星　座 こと座
距　離 1,000光年

ケプラー11の惑星
Kepler 11's planets

黄色矮星ケプラー11のまわりには6個の惑星がある。岩石でできた惑星もあるし、おもにガスでできた惑星もある。6個の惑星はケプラー11にとても近い軌道を回っている。地球と太陽の距離の半分以下。

惑星の数 6個
星　座 はくちょう座
距　離 2,000光年

ケプラー11の想像図

86 | 太陽系

ケプラー 20 の近くを回る惑星
ケプラー 20e

HD10180 の惑星
HD 10180's planets

恒星 HD10180 のまわりを 9 個の惑星が回っている。現在わかっている限り最大の太陽系外惑星系。恒星に近い 2 個の惑星は地球と同じくらいの質量だが、恒星に近すぎて熱いため生命はおそらく存在しない。下の図は恒星 HD10180 に近い方から 4 個の惑星を描いた想像図。恒星に近い 3 個は点のように見え、4 番目の惑星 HD10180d が右上に大きく見える。

惑星の数 9 個以下
星　座 みずへび座
距　離 ~22 光年

星雲

銀河の中に浮かぶ、ガスとちりでできた巨大な雲を星雲といいます。星雲にはいろいろな種類があります。新しい恒星が生まれる暗黒星雲や、死んでいく恒星がつくる星雲もあります。近くの恒星の光を反射して明るく輝く星雲もあれば、自ら光を放って輝く星雲もあります。

ここに注目！
種類

星雲のできかたはさまざまだ。できかたによって星雲の種類も変わる。

りゅうこつ座の星雲
Carina Nebula　星形成領域

とても明るい星雲。たくさんの大質量星によってちりとガスが明るく輝く。恒星と恒星の間をガス雲がとても速く動いている。星雲の中の活動ははげしく、高エネルギーのX線を放射する。

大きさ　直径 300 光年
星　座　りゅうこつ座
距　離　8,000 光年

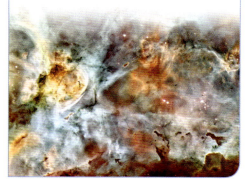

干潟星雲　Lagoon Nebula
星形成領域

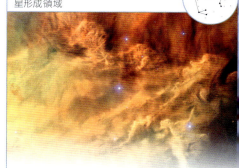

干潟星雲はたくさんの星が生まれる星のゆりかご。若くて熱い恒星のエネルギーによって輝いている。干潟星雲はとても大きく明るいので、地球から肉眼でも見つけられる。

大きさ　直径 110 光年
星　座　いて座
距　離　5,200 光年

▲ 三裂星雲（写真）など、ガスの密度の高い場所は新しい恒星の生まれる星形成領域となる。

▲ 太陽と同じくらいの大きさの、死にひんした恒星が外側のガスを放出すると惑星状星雲ができる。エスキモー星雲（写真）も惑星状星雲。

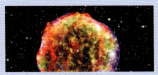
▲ ティコの超新星（写真）のように超新星爆発が起きると、超新星残骸とよばれるガスが球を取り巻く殻のように広がる。

わし星雲 Eagle Nebula
星形成領域

代表的な星形成領域。昏い宇宙を背景に輝く形がわしのように見える。わし星雲ではたくさんの若い星が見つかっているが、とくに「創造の柱」（ちりとガスでできた、指の形をした巨大な柱）の中とまわりに多い。

大きさ 直径 70 光年
星 座 へび座
距 離 7,000 光年

円すい（コーン）星雲　Cone Nebula
星形成領域

円すい星雲は、恒星をさかんにつくっている領域の端にあり、円すい状の柱の形をしている。柱の長さは7光年。近くのクリスマスツリー星団で誕生したての恒星から注ぐ光で輝いている。

大きさ　長さ7光年、上部の直径2.5光年
星　座　いっかくじゅう座
距　離　2,700光年

オリオン大星雲　Orion Nebula
星形成領域

地球に一番近い星形成領域。ぼんやりとした形の淡い光の集まりのように見える。地球から肉眼でも観察できる。オリオン大星雲の中にある散開星団トラペジウムから放射される紫外線によって熱くなっている。

大きさ　直径 30 光年
星　座　オリオン座
距　離　1,400 光年

馬頭星雲　Horsehead Nebula
星形成領域

バーナード 33 ともよばれる。ちりでできた柱が馬の頭のように見えるめずらしい形の星雲。チェスの駒のナイトにも似ている。水素の雲に囲まれて上に伸びる柱の高さは 1 光年。馬頭星雲の後ろ側にある水素の雲は、近くの恒星オリオン座シグマ星からの紫外線を受けて赤く光る。

大きさ　直径 16 光年
星　座　オリオン座
距　離　1,500 光年

アリ星雲 Ant Nebula
惑星状星雲

ガスが丸く広がっている形が昆虫の頭と腹部に似ていることからアリ星雲と名づけられた。丸い部分のまわりにはガスが扁平なリング状に広がる。

大きさ 直径 1.5 光年
星 座 じょうぎ座
距 離 8,000 光年

らせん星雲 Helix Nebula
惑星状星雲

地球に一番近い惑星状星雲。宇宙に浮かぶ目のように見える。ほかの惑星状星雲と同じくらせん星雲も中心の恒星が外層を脱いだときにつくられた。恒星の残骸から放射される電磁波がちりとガスを熱するため明るい色に輝く。

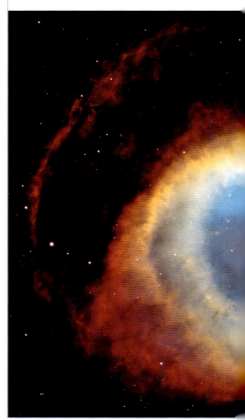

大きさ 直径 2.5 光年
星　座 みずがめ座
距　離 650 光年

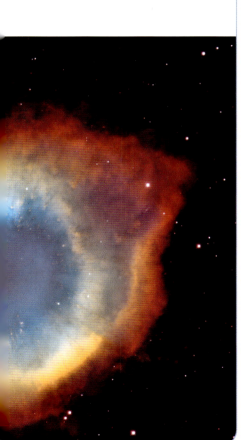

キャッツアイ星雲　Cat's Eye Nebula
惑星状星雲

キャッツアイ星雲の中心で輝く天体は二連星の可能性がある。中心の恒星から一定の間をおいて放たれる物質が殻（または泡）をつくり、まわりを囲む。星雲全体にガスのジェットやノット（小さな塊）が散らばる。

大きさ　中心部の直径 0.2 光年
星　座　りゅう座
距　離　3,000 光年

カシオペヤ座A　Cassiopeia A
超新星残骸

超新星爆発の後にガスが殻のように広がってできた星雲。現在も時速800万kmで広がり続けている。全天で太陽の次に強い電波を放出する。

大きさ	直径10光年
星　座	カシオペヤ座
距　離	1万1,000光年

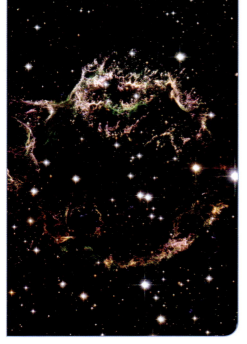

バタフライ星雲　Butterfly Nebula
惑星状星雲

かに星雲　Crab Nebula
超新星残骸

1054年ごろ、超新星爆発が夜空を照らした。このときできたかに星雲は現在も時速540万kmで広がり続けている。かに星雲は水素、硫黄、酸素からなり、星雲の中心にある恒星の放つ衝撃波によって一定間隔でゆれる。中心の恒星はパルサーという。パルサーとは、中性子星が高速で回転し、灯台のように一定間隔で電磁波を放出するようになった天体。

大きさ	直径11光年
星　座	おうし座
距　離	6,500光年

バタフライ星雲は、中心の恒星が赤色巨星になり、外層を脱ぎすて高温の白色矮星に縮むときにできた。高速で流れ出るガスが蝶の羽のような形をつくる。この部分は現在も広がり続けている。

大きさ 直径2光年
星　座 さそり座
距　離 4,000光年

三日月星雲　Crescent Nebula
惑星状星雲

中心の恒星のまわりに高密度のガスの束が三日月状に広がる。あと1万年もすると超新星爆発を起こすと考えられている。恒星から放射される電磁波によって水素が赤く輝く。

大きさ 直径3光年
星　座 はくちょう座
距　離 4,700光年

バタフライ星雲の中心にある
恒星の表面温度は
22万2,000℃。
想像できないほどの熱さだ

バタフライ星雲

バタフライ星雲はバグ星雲やNGC6302ともよばれる惑星状星雲。中心の恒星は、炭素と鉄に富むちりでできた巨大な雲におおわれている。羽の部分は、2万℃以上のガスの雲。

銀 河 ぎんが

銀河はたくさんの恒星(こうせい)のすみかです。左の写真は、宇宙空間(うちゅうくうかん)に曲線を描(えが)く巨大(きょだい)な渦巻腕(うずまきうで)のある子もち銀河です。渦巻腕の中には何十億個もの星がきれいに散らばっています。このほかにも銀河にはいろいろな形があります。古い星の集まった巨大な球体、生まれたばかりの恒星でできた回転する雲の円盤(えんばん)もあります。

天の川銀河(あまのがわぎんが) わたしたちのいる天の川銀河は渦巻(うずまき)形だが、夜空を見上げると光の帯のように見える。地球が銀河面の中にあるからだ。

銀河って何だろう？

ぎんがってなんだろう？

銀河は、恒星とガスとちりが重力によってひとつにまとまった天体です。銀河の形も大きさも、銀河をつくる恒星の種類もさまざまです。たくさんのガスの中に青白い若い星がたくさん集まっている銀河もあれば、ガスがなく赤や黄色の古い恒星だけでできている銀河もあります。

銀河の名前

18世紀に入り新しい天体が次々と発見されるようになった。あまりに数が多かったので、ほとんどの天体には名前ではなくカタログ番号がつけられた。その後、現在ではおなじみの名前をつけられた天体もあるが、いまだにカタログ番号だけの天体もある。恒星、銀河、星雲など地球から遠く隔たった天体の情報を集めたカタログは、メシエカタログ（110天体）、ニュージェネラルカタログ（NGC、7840天体）などがよく知られている。

メシエ74（M74）は渦巻銀河

衝突中の銀河

車の玉突き事故のように銀河どうしがぶつかり、たがいにひっぱり合っていることがある。このような場所では新しくて熱い恒星がたくさん生まれている。NGC2207とIC2163(写真)は現在衝突しているところだ。10億年後にはひとつになる可能性が高い。

超大質量ブラックホール

大きな銀河の中心には超大質量ブラックホールがある。超大質量ブラックホールの質量は太陽10億個分以上。ブラックホールの重力は物質を中に引きずりこむので、ブラックホールはふくらんだ円盤をつくる。活動銀河の中心にあるブラックホールは粒子と電磁波のジェットを噴き出す。

銀河の種類

銀河は形によって大きく5種類(渦巻銀河、棒渦巻銀河、楕円銀河、不規則銀河、レンズ状銀河)に分けられる。

渦巻銀河は中心に球形の銀河核と渦巻腕をもつ、巨大な円盤。

棒渦巻銀河の腕は、長く伸びた銀河核の両端から出る。

楕円銀河は卵の形をしている。ガスやちりはほとんどない。

不規則銀河は決まった形がなく、ガスとちりに富む。

レンズ状銀河は中心にバルジ(ふくらんだ部分)はあるが、渦巻腕はない。名前どおりレンズの形をしている。

銀　河

銀河は巨大な、回転するガスの雲でできています。宇宙全体には数千億個の銀河が散らばっていると考えられています。一番遠い銀河は、見ることのできる宇宙の端にあります。もっとも多い銀河は暗い矮小楕円銀河ですが、わたしたちがよく目にするのは明るい渦巻銀河や巨大な楕円銀河です。

アンドロメダ銀河　Andromeda
渦巻銀河

アンドロメダ銀河は4000億個の恒星でできている。局部銀河群で一番大きな銀河だ。天の川銀河のとなりにあり、地球から肉眼で見える一番遠い天体だ。アンドロメダ銀河全体は薄暗い楕円形で、明るい中心部が恒星の光のようにも見える。

大きさ	直径25万光年
星　座	アンドロメダ座
距　離	260万光年

さんかく座銀河　Triangulum
渦巻銀河

さんかく座銀河も局部銀河群に含まれる。さんかく座銀河はアンドロメダ銀河や天の川銀河と比べると小さく、星の数も少ないが、銀河の中でははるかに多くの星が生まれている。右の写真はさんかく座銀河のたくさんの若い星から放たれる紫外線のフォールスカラー画像。

大きさ　直径5万光年
星　座　さんかく座
距　離　270万光年

子もち銀河　Whirlpool
渦巻銀河

M51ともよばれる。二つ並んだ銀河の大きい方の、明るい渦巻銀河。かつてとなりの小さい銀河がM51の近くを通りすぎたことによって、M51の中で星が盛んに形成されるようになったようだ。

大きさ　直径8万光年
星　座　りょうけん座
距　離　2300万光年

ソンブレロ銀河　Sombrero
渦巻銀河

明るい中心部とまわりを囲むちりの輪がソンブレロ（メキシコで使われているつばの広い帽子）に似ていることから名づけられた。

大きさ　直径5万光年
星　座　おとめ座
距　離　2800万光年

M83 Messier 83
棒渦巻銀河

M83は円盤が地球の方を向いているので、宇宙に浮かぶ巨大な風車のように見える。渦巻腕に暗いちりの筋がはっきり見える。渦巻腕には星形成領域がたくさんあり、若い星があふれている。写真ではM83の星形成領域は赤いしみに見える。

大きさ 直径5万5,500光年
星座 うみへび座
距離 1470万光年

NGC7479
棒渦巻銀河

天文学者ウィリアム・ハーシェルが1784年に発見した。ちりとガスでできた、特徴的な長い棒状構造が中心にある。丸く巻いた腕が逆向きの「S」に見える。腕はゆっくり回転し、一方は暗く、もう一方は明るい。

NGC7479はセイファート銀河（極端に明るい中心核をもつ活動銀河）。

大きさ	直径 15 万光年
星　座	ペガスス座
距　離	1 億 500 万光年

NGC1097
棒渦巻銀河

ほとんどの銀河の中心にはブラックホールがある。NGC1097 のブラックホールの質量は太陽の 1 億倍。NGC1097 は中央部が長く伸び、宇宙に浮かぶ目のように見える。

大きさ	直径 5,500 光年
星　座	ろ座
距　離	4500 万光年

NGC4150
楕円銀河

可視光で観測すると中心部にひも状のちりがあり、紫外線で観測すると同じ部分に青色をした若い恒星の集団がある。NGC4150は古い銀河だが、約10億年前にガスに富む小さな銀河と衝突し、この衝突によって新しい恒星の形成に必要な物質があたえられたと考えられている。

大きさ 直径約3万光年
星　座 かみのけ座
距　離 4400万光年

M105　Messier 105
楕円銀河

ESO325-G004
楕円銀河

銀河団エイベルS0740の中で一番大きい銀河。銀河団の中心部には巨大な楕円銀河があることが多い。ESO325-G004もそのひとつ。ESO325-G004は宇宙空間で巨大なレンズのはたらきをする。銀河団の中の遠くにある銀河からの光がESO325-G004の重力によって増幅されるので、地球からは実際よりも明るく見える。

大きさ 直径20万光年
星　座 ケンタウルス座
距　離 4億6300万光年

メシエ 105 ともよばれる。おとめ座超銀河団の中にある。M105 は 1781 年に発見されたもののメシエカタログに掲載されたのは 1947 年。現在 M105 は天の川銀河から秒速 752km で離れている。多くの銀河と同じように中心部には巨大なブラックホールがある。

大きさ 直径 5 万 5,000 光年
星　座 しし座
距　離 3800 万光年

M60　Messier 60
楕円銀河

メシエ 60 ともよばれる。中心のブラックホールの質量は太陽の 45 億倍。現在わかっている中で最大級のブラックホールだ。右の写真は M60 の熱い中心部から流れ出る X 線のフォールスカラー画像。

大きさ 直径 12 万光年
星　座 おとめ座
距　離 5800 万光年

銀 河 | **107**

スピンドル銀河 Spindle
レンズ状銀河

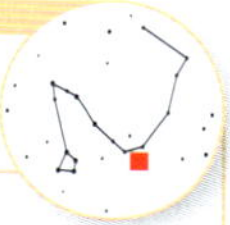

スピンドル銀河をつくる恒星の多くはあまり若くない。銀河核のまわりをちりの筋が囲む。中心部はふくらみ、両端に向かって細くなる。若く明るい星でできた青色の円盤がちりの筋を越えて広がる。

大きさ 直径6万光年
星　座 りゅう座
距　離 4500万光年

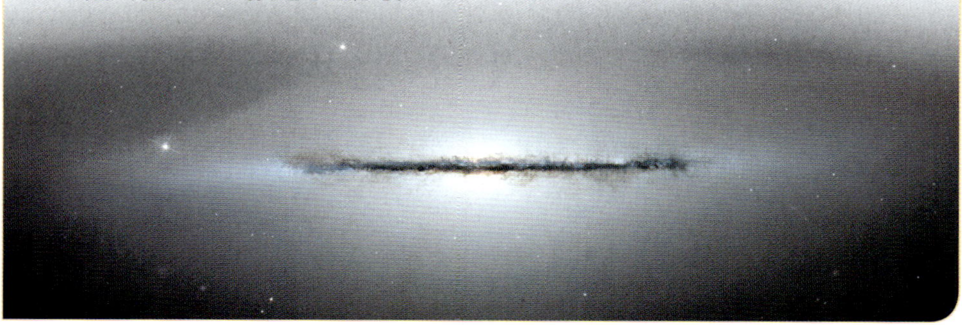

葉巻銀河 Cigar
不規則銀河

地球からは、銀河の両端が長く伸びて、ガスとちりでできた葉巻のように見える。葉巻銀河は、近くにあるボーデの銀河（M81）の重力にひっぱられて変形している。ボーデの銀河の重力は葉巻銀河に爆発的な星の形成も引き起こした。

大きさ 直径4万光年
星　座 おおぐま座
距　離 1200万光年

小マゼラン雲　Small Magellanic Cloud
不規則銀河

小マゼラン雲は、小さな棒渦巻銀河が過去のある時点で天の川銀河の重力によってゆがめられた残りでできていると考える天文学者もいる。

大きさ　直径1万光年
星　座　きょしちょう座
距　離　21万光年

大マゼラン雲
Large Magellanic Cloud　不規則銀河

大マゼラン雲も小マゼラン雲も、銀河の存在がわかる前に名づけられたため「雲」という。大マゼラン雲は盛んに星形成をしている星雲をたくさん含む。局部銀河群全体で一番活発に星を形成している領域、タランチュラ星雲も大マゼラン雲の中にある。下の赤外線画像でもよくわかる。

大きさ　直径2万光年
星　座　かじき座
距　離　18万光年

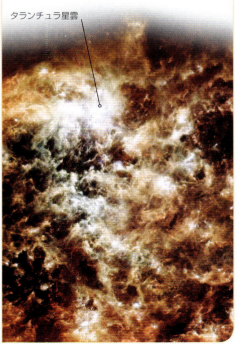

タランチュラ星雲

葉巻銀河の中心部では天の川銀河全体の10倍の速さで星が誕生している。

銀河 | 109

デススター　Death Star
活動銀河

中心にあるブラックホールから粒子と電磁波のジェットを放出する銀河を活動銀河という。デススターも活動銀河。ガンマ線、X線、電波のジェットで約2万1,000光年離れた小さな銀河を撃っているように見える。映画『スター・ウォーズ』に登場する要塞デススターから放たれるレーザー砲そっくりだ。下のフォールスカラー画像では青い部分がジェット。

大きさ　直径2万光年
星　座　へび座
距　離　13億5000万光年

NGC1275
活動銀河

NGC1275の中心から伸びる、2本のガスの巨大なローブ（ガスの吹きだまり）は大量の電波を出している。

NGC1275はペルセウス座銀河団の中心にある楕円銀河。ペルセウスAともよばれる。中心部の大質量ブラックホールはガスを熱し、中心領域から2万光年ほども糸のように伸びるガスを輝かせる。

大きさ 直径7万光年
星　座 ペルセウス座
距　離 2億3700万光年

目玉焼き銀河　Fried Egg
活動銀河

目玉焼き銀河はセイファート銀河（極端に明るい銀河核をもつ活動銀河）。銀河核の中心には直径約3,000光年のブラックホールがある。目玉焼き銀河は、ブラックホールのまわりを回る熱いガスとちりの円盤でできている。円盤からブラックホールに落ちるガスとちりが引き金となり、ブラックホールから電磁波のジェットが噴出する。若くて熱い恒星が塊をつくって銀河核をリング状に囲むため銀河は青白色を帯びて見える。

大きさ 直径3万6,000光年
星　座 ペガスス座
距　離 7200万光年

触角銀河 Antennae
衝突銀河

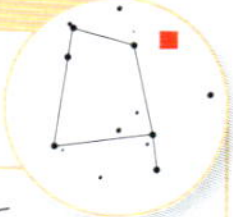

触角銀河はNGC4038とNGC4039が衝突してできた。2個の明るいノット（塊の部分）から恒星の長い筋が2本、反対方向に伸びているようすが昆虫の触角に似る。触角の部分は銀河の衝突によってほどけた渦巻腕。

大きさ 直径36万光年
星 座 からす座
距 離 6300万光年

マウス銀河 The Mice
衝突銀河

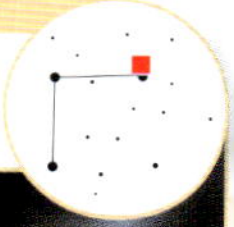

別名NGC4676。約1億6000万年前に2個の渦巻銀河が衝突してできた。2個の渦巻銀河はいずれ融合すると考えられている。白い体に長い尾をもつ形がネズミのようにも見える。触角銀河と同じく尾の部分は衝突によりほどけた渦巻腕。

大きさ 直径30万光年
星 座 かみのけ座
距 離 3億光年

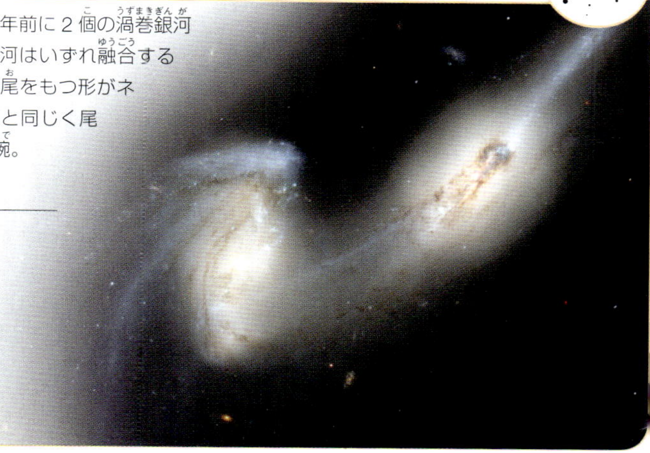

車輪銀河 Cartwheel
衝突銀河

約2億年前に小さな銀河が衝突したことにより衝撃波が生じ、若い恒星からなる外側の輪と、牛の目のような銀河核をつくった。車輪のスポークの部分は、現在ゆっくり形成されているぼんやりした渦巻腕。

大きさ 直径15万光年
星　座 ちょうこくしつ座
距　離 5億光年

ハッブル・ウルトラ・ディープ・フィールド
両ページに広がる宇宙はハッブル宇宙望遠鏡が11日かけて観測した小さな領域の合成画像。この観測では、ビッグバン直後にできた、地球からもっとも遠い銀河をはじめ1万個以上の銀河が確認された。

全天をウルトラ・ディープ・フィールドと同じくらいつぶさに調べ上げるにはハッブル宇宙望遠鏡で**100万年**かけて観測し続けなければならない

宇宙探査 うちゅうたんさ

20世紀後半に入り、宇宙船を地球の軌道(きどう)に乗せたり宇宙まで運んだりできる強力なロケットがつくられるようになると、人類は宇宙探査を開始しました。左写真はスペースシャトル、アトランティスを打ち上げようとしているロケットです。現在(げんざい)では多くの国が国際宇宙機関(こくさいうちゅうきかん)による宇宙開発計画に参加し、また自国でも宇宙開発を進めています。地球や太陽系(たいようけい)、宇宙を研究するには人工衛星(じんこうえいせい)や宇宙船が必要です。

宇宙遊泳(うちゅうゆうえい) 1994年、宇宙飛行士ブルース・マッカンドレス2世は宇宙船の外に出て、少しだけ自由に宇宙を飛んだ。

宇宙船の種類 うちゅうせんのしゅるい

宇宙空間を移動する乗り物を宇宙船といいます。ほとんどの宇宙船は地球の発射場から打ち上げられ、ロケットの力で宇宙の中を進んでいきます。宇宙船にはさまざまな形や大きさがあり、それぞれの任務に応じた装置を積んでいます。

無人の宇宙船

機械だけを載せた宇宙船が太陽系を探査するようになって50年ほどが経つ。コンピュータが制御する宇宙船はさまざまな計器を積み、太陽系の天体の近くを飛んだり、まわりを回りながら（天体のまわりを回る宇宙船を軌道船またはオービターという）、観測したデータや画像を地球に送る。上の絵は2004年に火星のまわりを回ったマーズ・エクスプレスの想像図。

有人宇宙船

人類が宇宙に行くようになったのは1960年代のこと。最初のころの宇宙船は小さく、宇宙飛行士1人が1日飛ぶのがやっとの広さしかなかった。その後、何日も滞在できるくらい大きくなり、月まで行けるようになった。1972年、3人の宇宙飛行士を乗せた宇宙船アポロ16号が史上5回目の有人月面着陸に成功した。右の写真はこのときの月面のアポロ月着陸船。

着陸船と探査車

軌道船には、惑星やほかの天体に着陸する着陸船（ランダー）が積まれていることもある。その着陸船には、天体の表面を移動しながら観測する探査車（ローバー）が積まれていることもある。

1997年に火星を走行した
探査車ソジャーナ

宇宙ステーション

宇宙で宇宙飛行士が生活したり仕事をしたりする場所を宇宙ステーションという。国際宇宙ステーション（ISS）など宇宙ステーションの中は無重力状態だ。実験をしている間でも宇宙飛行士は浮いている。ISS はアメリカ航空宇宙局（NASA）をはじめ五つの宇宙機関から提供された部品を組み立ててつくられた。

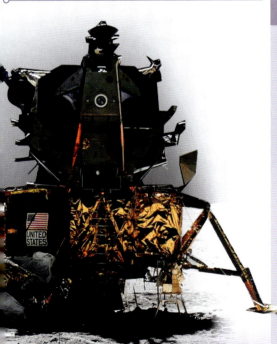

人工衛星

エンビサット、環境観測衛星

天体のまわりを回る天然または人工の天体を衛星という。太陽系にも月をはじめたくさんの衛星がある。1957 年、地球のまわりを回る軌道に人工の天体（人工衛星）がはじめて打ち上げられた。以来、通信衛星や環境観測衛星、地球上での位置を確認するための衛星などいろいろな衛星が地球のまわりを回っている。上の写真のエンビサットは地球の海洋や大気を観測している。

ロケット

ロケットは人工衛星や宇宙船といったペイロード（積載物）を宇宙に打ち上げる装置です。燃料を化学的に燃焼させ高温のガスを発生させることによって進む力を得ます。ガスはロケットのノズルから噴き出し、ロケットを上に向けて推進させます。

ここに注目！
燃　料
ロケットは燃料を使って飛んでいく。燃料を酸化剤とよばれる化学物質と混ぜることによって酸素が発生し燃料は燃える。

アトラス V
Atlas V

ロケットは数段の機体を積み上げた多段式構造になっている。各段の機体にエンジンと燃料があり、燃料は段ごとに順番に燃えていく。ロケットは飛びながら、次の段の燃料が燃えはじめる前に1段ずつ切り離していく。アメリカでつくられたアトラス V ロケットの燃料は1段目が液体ケロシン、2段目が液体水素。2002年から運用されているアトラス V ロケットは24回以上人工衛星を打ち上げている。

高　さ　58.3m
重　さ　33万4,500kg
段の数　2段
打ち上げ回数　30回、2002年8月
　　　　　　　～2012年5月

デルタ IV
Delta IV

デルタ IV はアメリカ軍のために設計されたロケット。1回の打ち上げで1個または複数のペイロードを運ぶ。デルタ IV には五つの機種があり、ペイロードの大きさによって使い分けられる。デルタ IV ロケットはおもに軍事衛星と航法衛星を打ち上げる。

高　さ　63～72m
重　さ　24万9,500～
　　　　73万3,400kg
段の数　2段
打ち上げ回数
　19回、2002年11月～
　2012年4月

▶固体燃料ロケットでは燃料（アルミニウム粉など）と酸化剤（過塩素酸アンモニウムなど）を混ぜ合わせた固体燃料を使う。火花によって固体燃料に火がつき高温のガスが発生する。固体燃料ロケットは小さめのペイロードを低い軌道に運ぶ。液体燃料ロケットを高い軌道へ届けるときにも使われる。

▶液体燃料ロケットでは燃料と酸化剤を別のタンクに入れる。液体水素燃料を液体酸素と混ぜると水と熱が発生する。熱によって水が蒸気に変わり、高速で噴き出す。液体燃料ロケットは大きなペイロードを高い軌道に運ぶ。

サターン V
Saturn V

サターンVロケットはこれまでにつくられたロケットの中で一番長く、重く、強力だ。おもに NASA のアポロ計画で使われた。人類がはじめて月に着陸したときの宇宙船アポロ11号もサターンVが運んだ。アメリカ初の宇宙ステーション、スカイラブを地球を回る軌道に打ち上げたのもサターンV。

高 さ 111m
重 さ 303万9,000kg
段の数 3段
打ち上げ回数 13回、1967年11月～1973年5月

アリアン 5
Ariane 5

欧州宇宙機関ではアリアン5を使って宇宙船を打ち上げる。2011年2月には国際宇宙ステーション（ISS）に物資を運ぶ無人宇宙船ヨハネス・ケプラーを打ち上げた。このときのペイロードの重さは2万kgを超え、これまでにアリアン5が打ち上げた中では一番重かった。

高 さ 46～52m
重 さ 77万7,000kg
段の数 2段
打ち上げ回数 62回、1996年6月～2012年5月

ロケット | 121

長征3号A(ロングマーチ3A)
Long March 3A

おもに通信衛星と航法衛星を地球を回る軌道に運ぶ中国のロケット。2007年には中国ではじめてとなる月のまわりを回る宇宙船、嫦娥1号を打ち上げた。

高さ 52.5m
重さ 24万1,000kg
段の数 3段
打ち上げ回数 23回、1994年2月～2012年3月

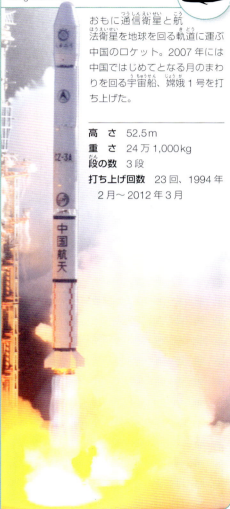

ソユーズFG
Soyuz-FG

ソユーズFGは、ロシア連邦宇宙局が有人宇宙船ソユーズTMAをISSに運ぶときに使うロケット。ソユーズFGはカザフスタンのバイコヌール宇宙基地から定期的に打ち上げられる。ISSへの物資の輸送のほかに、人工衛星や無人宇宙船の打ち上げにも使われる。

プロトン
Proton

プロトンは、旧ソビエト連邦が核爆弾を撃ちこむためにつくったロケットだが、実際には宇宙船しか打ち上げていない。1965年以来ずっと使われ続け、運用期間はどのロケットよりも長かった。もっとも成功した種類のロケットだ。プロトンの改良型プロトンMは2012年現在もまだ使われている。

高さ 53m
重さ 69万3,815kg（3段）
段の数 3～4段
打ち上げ回数 377回、1965年7月～2012年5月

高　さ　49.5m
重　さ　30万5,000kg
段の数　2〜3段
打ち上げ回数　36回、2001年5月〜2011年12月

ソユーズ2.1b
Soyuz 2.1b

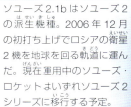

ソユーズ2.1bはソユーズ2の派生機種。2006年12月の初打ち上げでロシアの衛星2機を地球を回る軌道に運んだ。現在運用中のソユーズ・ロケットはいずれソユーズ2シリーズに移行する予定。

高　さ　46.1m
重　さ　30万5,000kg
段の数　3段
打ち上げ回数　8回、2006年12月〜2011年12月

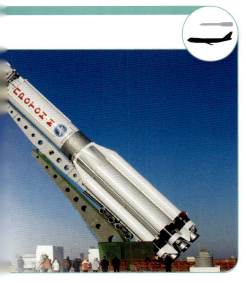

宇宙船

宇宙船のおかげで地球にいながらも太陽系の天体を間近に観測できます。すでに太陽系を飛び出し、その先に向かって進んでいる宇宙船もあります。宇宙飛行士を乗せた宇宙船アポロは月まで行きました。無人で機械が制御する宇宙船も打ち上げられ、今現在も、太陽系のおもな惑星、小惑星、すい星、さらには太陽を観測しています。

マリナー10号 Mariner 10
フライバイ（接近通過）ミッション

NASAのマリナー10号は1974年に水星と金星を訪れた。この二つの惑星に近づいたはじめての宇宙船だ。二つの惑星のようすを間近で観測したはじめての宇宙船でもあり、1回の飛行で二つの惑星に接近したはじめての宇宙船でもある。

高さ 1.8m
重さ 474kg
発射日 1973年11月3日

ビーナス・エクスプレス
Venus Express 軌道船

欧州宇宙機関（ESA）がつくった宇宙船。2006年から金星の大気を観測している。金星の一番上の雲の層は金星のまわりを自転速度の60倍の速さで回っている。ビーナス・エクスプレスは現在、金星の大気がとても速く回転している理由をさぐるためにデータを集めているところだ。

高　さ　1.4m
重　さ　700kg
発射日　2005年11月9日

イカロス IKAROS
宇宙探査船

2010年、日本は金星に向けて宇宙船イカロスを打ち上げた。イカロスの名は「太陽放射で加速する惑星間凧宇宙船」を意味する英語の頭文字に由来する。凧形の本体は太陽風をとらえて進む、巨大な帆のような役目を果たす。太陽風とは太陽から吹き出す粒子の流れ。「光の圧力」をつくりだし、宇宙船を前に推し進めるはたらきをする。

高　さ　20m（対角）
重　さ　310kg
発射日　2010年
　　　　　5月21日

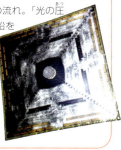

マゼラン Magellan
軌道船

マゼランは1990年から1994年まで金星のまわりを回り、それまでのどの宇宙船よりもくわしく観測をし、金星表面の99％以上を地図にした。マゼランが観測に用いたレーダーは金星の厚い大気を突き抜け、大気の下の地形を画像化した。左の写真はマゼランの機器モジュールとアンテナ部分。

長　さ　6.4m
重　さ　1,035kg
発射日　1989年5月4日

ルナ9号 Luna 9
着陸船

ソビエト連邦が打ち上げたルナ9号は月に着陸したはじめての宇宙船。球形の着陸船が花びら形のパネルを開いて着陸し、月面の画像を撮影し地球に送り届けた。ルナ9号の月面着陸によって、着陸船が月面に沈まないことが証明された。

着陸すると、自動的にアンテナが開く

大きさ 閉じた状態の直径58cm
重さ 99kg
発射日 1966年1月31日

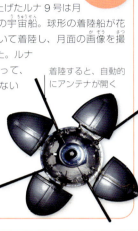

ルナ16号 Luna 16
着陸船

ルナ16号はソビエト連邦のルナ計画の中で打ち上げられた宇宙船。月面に着陸し、月の石を地球にもち帰ることに成功したはじめての無人探査機だ。月面に深さ35mmの穴を掘り、100g以上の土を採取した。

高さ 3.1m
重さ 5,600kg
発射日 1970年9月12日

グレイル GRAIL
軌道船

NASAのグレイル計画では月の重力と内部構造を調べるために2機の宇宙船エブとフローが打ち上げられた。右の図は月のまわりを回る2機の想像図。どちらの宇宙船もムーンカム(世界中の中学生や高校生の求めに応じて月の地形の写真を撮る特別なカメラ)をつけ、撮った画像を地球に送り届けた。

高さ それぞれ1.09m
重さ 201kg
発射日 2011年9月10日

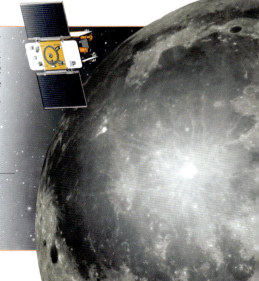

ルナ・リコネサンス・オービター
Lunar Reconnaissance Orbiter 軌道船

ルナ・リコネサンス・オービターは現在、月のまわりを回っているNASAの宇宙船。おもな目的は、将来、有人の宇宙船が着陸するのに適した場所をさがすことと、月面のくわしい写真を撮り、月面の3次元地図をつくること。

高 さ 2.75m
重 さ 1,018kg
発射日 2009年6月18日

アルテミス ARTEMIS
軌道船

現在、月のまわりを回っているNASAの2機の宇宙船。最終的には月に着陸し、月面や月の内部の情報を集める予定になっている。数年間はデータを送ってくることが期待されている。

高 さ 81cm
重 さ 128kg
発射日 2007年2月17日

マリナー4号　Mariner 4
宇宙探査船

NASAのマリナー4号は火星の近くを通過して、火星表面の画像を送ってきたはじめての宇宙船。マリナー4号の撮った22枚の写真は火星表面の約1%にあたる。マリナー4号は火星大気の密度も測定した。

高　さ　2.9m
重　さ　261kg
発射日　1964年11月28日

マーズ・エクスプレス　Mars Express
軌道船

欧州宇宙機関（ESA）初の惑星探査計画で打ち上げられた宇宙船。マーズ・エクスプレスは軌道船のほかに着陸船ビーグル2号も積んでいた。ビーグル2号は火星に着陸したと思われるが、その後信号を送ってこなくなり行方がわからなくなった。一方、軌道船は現在も火星を観測し続けている。

高　さ　1.4m
重　さ　1,123kg
発射日　2003年6月2日

火星のまわりを回るマーズ・エクスプレスの想像図

バイキング　Viking
着陸船

1971年、ソビエト連邦の探査機マルス3号が火星にはじめて着陸した宇宙船となった。1975年にはアメリカが双子の宇宙船バイキングを打ち上げた。バイキングは双子の2機とも軌道船と着陸船を積んでいた。バイキング計画は宇宙船を火星に着陸させるアメリカ初のミッションだった。着陸船は火星の土壌を調査し、3,000枚ほどの写真を送ってきた。

高　さ　2.1m
重　さ　576kg
発射日　1975年8月20日

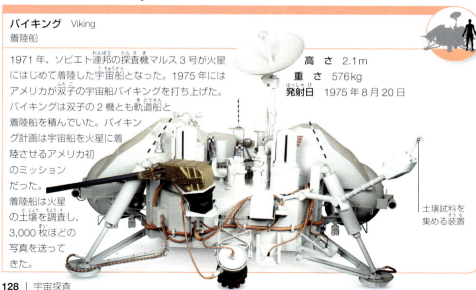

土壌試料を集める装置

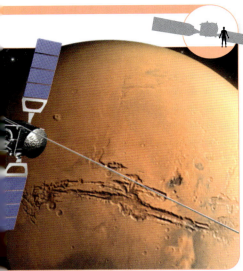

マーズ・グローバル・サーベイヤー

Mars Global Surveyor　軌道船

NASAの宇宙船マーズ・グローバル・サーベイヤーは1996年から2006年まで火星のまわりを回った。火星の周回軌道にいた期間は1、2を争うほど長い。おもに火星の表面を観測し、長い峡谷をたくさん発見した。これらの峡谷は、かつて流れていた水によって表面が削られてできたと考えられている。数百万年前、火星が今よりも暖かったころに液体の水があったことは確認されている。その後、温度が下がり現在では表面に液体の水は存在しない。

高さ　1.17m
重さ　1,030kg
発射日　1996年11月7日

火星のまわりを回るマーズ・グローバル・サーベイヤーの想像図

マーズ・フェニックス

Mars Phoenix　着陸船

マーズ・フェニックスは、水のこん跡をさがすためにNASAが火星に送り出した着陸船。火星の北極域に着陸したのち地面に穴を掘り、地下の土壌を調査して水の氷が存在することを確認した。

高さ　2.2m
重さ　343kg
発射日　2007年8月4日

宇宙船 | 129

ガリレオ Galileo
軌道船

ガリレオは1995年から2003年までの8年間、木星のまわりを回り、大気と一番大きな衛星を観測した。木星に接近したガリレオは小さな探査機を大気に投入し、たくさんのデータを集めた。

高　さ　7m
重　さ　2,564kg
発射日　1989年10月18日

はやぶさ Hayabusa
着陸船

日本のはやぶさは小惑星の表面から試料をもち帰ったはじめての宇宙船だ。小惑星イトカワに達したはやぶさは形や構造もくわしく観測した。

高　さ　1.6m
重　さ　380kg
発射日　2003年5月9日

ボイジャー Voyager
フライバイ（接近通過）ミッション

ボイジャー1号と2号は、NASAが太陽系の巨大ガス惑星を観測するために打ち上げた双子の宇宙船。ボイジャー1号は木星と土星の近くを通過し、ボイジャー2号は天王星と海王星を通過したのち1989年に冥王星に達した。現在は2機とも太陽系の外に向かって進んでいる。2012年にはボイジャー1号は太陽から180億km以上離れたところに到達した。

高　さ　それぞれ47cm
重　さ　722kg
発射日　ボイジャー1号は1977年9月5日、
　　　　ボイジャー2号は1977年8月20日

カッシーニ・ホイヘンス　Cassini–Huygens
軌道船と着陸船

下の図は土星の輪の近くを通過する NASA の宇宙船カッシーニ・ホイヘンスの想像図。ホイヘンスはタイタン（土星の衛星のひとつ）に着陸した無人探査機。カッシーニは土星、タイタン、土星の輪を現在も観測し続けている軌道船。

高　さ　6.7m
重　さ　2,500kg
発射日　1997 年 10 月 15 日

ジェミニ　Gemini
有人宇宙船

NASA の宇宙船ジェミニの目的はアポロ計画に備えて、長期の宇宙滞在に関する情報を集めること、装置のはたらきを確かめること、宇宙飛行士の宇宙での活動の準備をすることだった。NASA は有人宇宙船ジェミニを 10 回打ち上げた。どの回も宇宙船は三つのモジュールで構成され、宇宙飛行士を 2 人乗せた。最初のモジュールには宇宙飛行士、2 番目には補充用の空気と水、3 番目には宇宙船を動かすエンジンを積んでいた。1965 年、ジェミニ 7 号は 14 日間飛行を続け、当時の有人宇宙船のもつ宇宙滞在最長時間を記録した。

高　さ　5.8m
重　さ　3,810kg
発射日　最初の有人ジェミニは 1965 年 3 月 23 日

アポロ司令船
Apollo Command Module　有人宇宙船

どのアポロ宇宙船もいくつかのモジュールで構成されていた。円すい形の司令船は宇宙飛行士を乗せ地球と月を往復した。月のまわりを回る軌道に入った司令船は月着陸船を切り離し、宇宙飛行士 1 人を乗せて月のまわりを回り続けた。

高　さ　3.2m
重　さ　5,810kg
発射日　1 回目
　　　　　1966 年 1 月 20 日（試験飛行）

アポロ月着陸船
Apollo Lunar Module　有人着陸船

アポロ月着陸船はアポロ宇宙船の着陸船。宇宙飛行士を 2 人乗せて、月を回る軌道と月面との間を往復した。重量が軽くなるようにつくられたので燃料をあまり使わなかった。

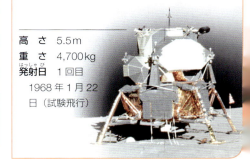

高　さ　5.5m
重　さ　4,700kg
発射日　1 回目
　　　　　1968 年 1 月 22 日（試験飛行）

コロンビア　Columbia
スペースシャトル

NASAに宇宙輸送システム（STS）を開発する中で運用可能なシャトルを5機つくった。スペースシャトルは再使用されたはじめての宇宙船だ。コロンビアは有人シャトルとしてはじめて軌道を試験飛行した。このとき地球のまわりを回った宇宙飛行士はジョン・ヤングとロバート・クリッペン。スペースシャトルが宇宙飛行士を宇宙まで運び、地球に帰還できることが証明された。

ロケットで打ち上げられるスペースシャトル

長さ	37.2m
重さ	9万9,000kg
発射日	1回目 1981年4月12日

スペースシップワン　SpaceShipOne
有人宇宙船

スペースシップワンは大気圏を越えて宇宙（高度約100km）まで飛び地球にもどってこれるようにつくられた、再使用できる宇宙船。2004年6月の飛行では民間の宇宙船としてはじめて人間を宇宙まで運んだ。有料で客を乗せ宇宙旅行をする計画がある。

長さ	3.5m
重さ	3,600kg
発射日	2003年5月20日

宇宙船

月面移動車 Lunar Roving Vehicle
有人探査車

アポロ月着陸船は月に向かった最後の3回のミッション（アポロ15号、16号、17号）で月面移動車（LRV。月面の移動用につくられた電池で動く乗り物）を運んだ。月面移動車は生命維持システムと装置をつけた宇宙飛行士2人を乗せることができた。最高時速18.5kmで移動した。

長さ 3m
重さ 210kg
発射日 1回目1971年7月26日、アポロ15号といっしょに

月面移動車が月着陸船から一番遠く離れたのはアポロ17号のときの7.6km。

ルノホート1号　Lunokhod 1
無人探査車

ルノホート1号は、ソビエト連邦がつくった無人月探査車2機のうちの1機。宇宙船ルナ17号で月まで運ばれ、地球から送られてきた電波信号によって作動した。ルノホート1号は約1か月かけて2万枚以上の画像を地球に送り、25か所で月の土壌を分析した。

高さ	1.35m
重さ	756kg
発射日	1970年11月10日

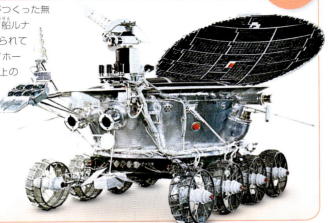

キュリオシティ　Curiosity
無人探査車

下の図は火星の表面を移動するNASAの探査車キュリオシティの想像図。キュリオシティの目的は火星に生命が存在する可能性をさぐること。さらに土壌や岩石試料を集め、かつて生命が存在した証拠を調べることにもなっている。

長さ	3m
重さ	900kg
発射日	2011年11月26日

まわりを探知するカメラ

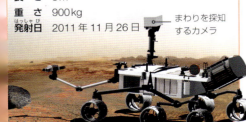

オポチュニティ　Opportunity
無人探査車

2003年、NASAはまったく同じ探査車2機を火星に向けて打ち上げた。名前はスピリットとオポチュニティ。スピリットからの通信は2010年に終了したが、オポチュニティはかつて水が流れていたこん跡をさぐるために火星の土壌を調べ続けている。

長さ	1.6m
重さ	174kg
発射日	2003年7月7日

ほかの土地から来てしばらく滞在(たいざい)する人のことを英語でソジャーナという。
探査車(たんさじゃ)ソジャーナは
ソジャーナ・トゥルース
(1800年代にアメリカ各地を訪れ女性(じょせい)の平等な権利(けんり)を求めて戦った女性)にちなんで名づけられた

火星の探査車 左右のページに広がる光景は着陸船マーズ・パスファインダーが写した火星の表面。パスファインダーは6輪の探査車ソジャーナを積んでいた。ソジャーナは2か月にわたって火星の大気や岩石の組成を調べた。

有人飛行

人類がはじめて宇宙に行ったのは1960年代のことでした。まず1961年にソビエト連邦が宇宙飛行士を宇宙に送り出し、そのわずか8年後にはアメリカが宇宙飛行士の月着陸を成功させました。現在、有人の宇宙船が飛んでいるのは地球のまわりを回る軌道だけです。宇宙飛行をめぐる物語の次の章は、火星への有人飛行になるかもしれません。

ボストーク1号
Vostok 1

人類の宇宙飛行の歴史に第一歩を刻んだのはソビエト連邦の宇宙飛行士ユーリ・ガガーリン。1961年に宇宙船ボストーク1号で地球のまわりを回ったときのことだった。ボストーク1号は地球をきっかり1周したのち地上に向かい上空7kmでガガーリンを射出した。ガガーリンはパラシュートを使って帰還した。

目的地 地球周回軌道
期　間 1時間48分
打ち上げ日と着陸日 1961年4月12日
飛行距離 4万1,000km

マーキュリー・アトラス6号
Mercury-Atlas 6

フレンドシップ7ともよばれる。地球のまわりを回ったアメリカではじめての有人宇宙船。発射のようすはテレビで中継され、約6000万人が見守った。宇宙飛行士ジョン・H・グレンJrを乗せたマーキュリー・アトラス6号は高度260kmまで上がってから地球のまわりを3周した。

目的地 地球周回軌道
期　間 4時間55分23秒
打ち上げ日と着陸日 1962年2月20日
飛行距離 12万1,794km

ボスホート 2 号
Voskhod 2

ソビエト連邦の宇宙飛行士パーヴェル・I・ベリャーエフとアレクセイ・A・レオーノフはボスホート 2 号で宇宙に飛んだ。地球のまわりを回る軌道に入ると、レオーノフは宇宙船の外に出た。人類がはじめて宇宙空間を「歩いた」瞬間だった。以来、宇宙飛行士は船外活動（宇宙遊泳）をはじめ宇宙でたくさんの仕事をこなしている。国際宇宙ステーション（ISS）の組み立てもそのひとつ。

目的地 地球周回軌道
期　間 1 日 2 時間 2 分
打ち上げ日と着陸日 1965 年 3 月 18 〜 19 日
飛行距離 72 万 km 以上

宇宙遊泳をするアレクセイ・A・レオーノフ

アポロ 7 号
Apollo 7

アポロ 7 号は NASA ではじめての有人宇宙飛行計画。宇宙飛行士ドン・F・エイゼル、ウォルター・M・シラー Jr、R・ウォルター・カニンガム（写真左から）は生命維持、推進力など宇宙船のシステムを試験しながら地球を 163 周した。

目的地 地球周回軌道
期　間 10 日 20 時間 9 分 3 秒
打ち上げ日と着陸日
　1968 年 10 月 11 〜 22 日
飛行距離 731 万 7,555 km

アポロ 11 号
Apollo 11

アポロ 11 号計画で人類ははじめて月に降り立った。1969 年 7 月 20 日、アポロ 11 号の月着陸船は宇宙飛行士ニール・アームストロングとバズ・オルドリンを乗せ月面（静かの海）に着陸した。二人は約 2.5 時間、月に滞在して岩石を採集したり写真を撮ったり、いくつか実験をこなしたりした。

目的地 月
期　間 8 日 3 時間 18 分 35 秒
打ち上げ日と着陸日 1969 年 7 月 16 〜 24 日
飛行距離 153 万 km

月面に残された足あと

ポリャコフのマラソンミッション
Polyakov's marathon misson

ロシアの宇宙飛行士ワレリー・ポリャコフは宇宙ステーション、ミールに約437日滞在した。人類が宇宙に滞在した最長記録だ。

目的地 地球周回軌道
期　間 437.7日
打ち上げ日と着陸日 1994年1月8日～1995年3月22日
飛行距離 3億km

ミールの窓から外を見るポリャコフ

スペースシャトルの最終飛行
Space Shuttle's final flight

世界初の再使用できる宇宙船スペースシャトルは30年間で135回の飛行を終え、2011年に引退した。最後の飛行ではアトランティスが国際宇宙ステーション（ISS）に補給物資や機材を届けた。NASAは、今後は民間の宇宙船（スペースX社の開発したドラゴンなど）を使って補給物資を運ぶ計画を立てている。

目的地 ISS
期　間 12日18時間28分50秒
打ち上げ日と着陸日 2011年7月8～21日
飛行距離 850万km

宇宙ステーション

1970年代から合計で9機の宇宙ステーションが地球のまわりを回りました。宇宙ステーションは、宇宙で生活しながら実験を行う宇宙飛行士の基地です。現在、運用中の宇宙ステーションは9機の中で一番大きな国際宇宙ステーション（ISS）です。

サリュート7号
Salyut 7

ソビエト連邦は1970年代に入ると宇宙ステーション、サリュート・シリーズを打ち上げた。サリュート1号は世界ではじめて地球のまわりを回った宇宙ステーション。シリーズ最後のサリュート7号は1982年から1991年まで運用された。サリュート7号は大きなモジュールのドッキングを試験した。その結果をもとに開発された技術を使ってミールがつくられた。

長さ　16m
発射日　1982年4月19日
軌道高度　475km

スカイラブ1号
Skylab 1

スカイラブ1号はアメリカ初の宇宙ステーション。1973年から1979年まで地球のまわりを回った。スカイラブ1号の目的は太陽の観測と、人間が長期間、宇宙で仕事や生活ができることの証明だった。

長さ　26.3m
発射日　1973年5月14日
軌道高度　434〜437km

ミール
Mir

ミールは1986年から2001年まで地球のまわりを回った。ミールは最初のモジュールに新たに部品をつけ加える方式で、10年をかけて組み立てられた。完成したミールは7個のモジュールからなり、常駐乗組員3人がそこで生活し、仕事をこなした。

長さ　19m
発射日　1986年2月20日
軌道高度　390km

国際宇宙ステーション
International Space Station

国際宇宙ステーション（ISS）はミールの4倍大きい。地球のまわりを回った最大の人工衛星だ。ISSほど長期間、運用されている宇宙ステーションはない。参加15か国により2000年12月から組み立てがはじまり、2011年に完成した。

長　さ　108.5m
発射日　1998年11月20日
軌道高度　330〜410km

ISSの組み立てがはじまってから宇宙飛行士が行った船外活動は161回。時間にして1,015時間以上におよぶ。

ISSは地球のまわりを90分で1周する。つまり乗組員は1日に **16回日の出**を見ることになる

最後のシャトル

1981年から135回の飛行を行ったスペースシャトルは、1998年から2011年の間、補給物資や装置を積んでISSに向かった。左の写真は2011年、最後の任務を終え地球にもどるスペースシャトル、ディスカバリー。

宇宙探検の歴史
うちゅうたんけんのれきし

- **1926年**：アメリカの技術者ロバート・ゴダートが高さ3mのロケットを打ち上げた。燃料に液体酸素とガソリン。液体燃料を使ったはじめてのロケットだった。

- **1944年**：ドイツは兵器としてV2ロケットをつくった。現代の宇宙ロケットはV2ロケットをもとに開発された。

- **1957年**：ソビエト連邦が世界初の人工衛星スプートニク1号を打ち上げた。スプートニク2号はライカという名の犬を乗せて打ち上げられた。ライカは宇宙に行った動物の第一号となった。

- **1958年**：アメリカがエクスプローラ1号を打ち上げた。エクスプローラ1号はアメリカ初の人工衛星だった。

- **1959年**：ソビエト連邦がルナ2号を打ち上げた。ルナ2号は月に衝突し、月面に到達したはじめての人工天体となった。ルナ3号は世界ではじめて月の裏側を撮影した。

- **1961年**：ソビエト連邦の宇宙飛行士ユーリ・ガガーリンが人類ではじめて宇宙に行った。

- **1963年**：ソビエト連邦の宇宙船ボストーク6号に乗ってワレンチナ・テレシコワが宇宙に行った。テレシコワは宇宙に行ったはじめての女性となった。

- **1965年**：ソビエト連邦の宇宙飛行士アレクセイ・レオーノフが人類ではじめて宇宙遊泳をした。

- **1965年**：火星の近くをNASAの宇宙船マリナー4号が世界ではじめて通過した。

- **1966年**：ソビエト連邦のルナ9号が世界ではじめて月着陸に成功した。

- **1969年**：ニール・アームストロングとバズ・オルドリンが人類ではじめて月面を歩いた。

- **1971年**：ソビエト連邦が世界初の宇宙ステーション、サリュート1号を打ち上げた。NASAの宇宙船マリナー9号が火星のまわりを回り、火山と峡谷を見つけた。

- **1972年**：NASAはアポロ計画で11回目の有人宇宙船アポロ17号を打ち上げた。アポロ17号は月に到着した最後の有人宇宙船となった。

> 1969年から1972年までに12人の宇宙飛行士が月に足あとを残した。それ以後は誰も月に行っていない。

- **1973年**：NASAの宇宙船パイオニア10号が世界ではじめて小惑星帯を越え、木星の近くを通過した。

- **1975年**：ソビエト連邦のベネラ9号が金星に着陸し、金星の表面を世界ではじめて撮影した。

- **1977年**：NASAがボイジャー1号と2号を打ち上げた。以後、数年にわたり木星と土星から画像と観測データが送信されてきた。この後ボイジャー2号は天王星と海王星の近くをはじめて通過した探査機となった。

- **1981年**：NASAははじめての再使用できる宇宙船スペースシャトル、コロンビアを打ち上げた。

- **1986年**：ソビエト連邦、日本、ヨーロッパから5機の宇宙船がハリーすい星に向けて打ち上げられた。宇宙船ジオットはすい星の核の撮影に世界ではじめて成功した。

- **1990年**：NASAはスペースシャトルを使って地球をまわる軌道にハッブル宇宙望遠鏡を打ち上げた。鏡に不具合があったが1993年に修正されてからは遠く離れた恒星や銀河を観測している。

- **1992年**：NASAの人工衛星、宇宙背景放射探査機（COBE）が初期の宇宙の残したマイクロ波放射をくわしい地図に表した。

- **1995年**：NASAの宇宙船ガリレオが木星のまわりを世界ではじめて周回した。ガリレオは木星の大気の成分を調べている。

- **1998年**：国際宇宙ステーション（ISS）の最初のモジュールが打ち上げられた。

- **2004年**：ESAの探査機ロゼッタが打ち上げられた。すい星のまわりを世界ではじめて周回した。

- **2004年**：スペースシップワンが高度100kmまで飛んだ。民間企業がつくった有人宇宙船としてはじめての宇宙飛行だった。

- **2005年**：カッシーニ・ホイヘンス計画の探査船ホイヘンスが土星の衛星タイタンに着陸した。地球以外の惑星の衛星への世界初の着陸だった。

- **2011年**：NASAがマーズ・サイエンス・ラボラトリーを打ち上げた。

- **2011年**：スペースシャトル、アトランティスの最終飛行をもってNASAのすべてのスペースシャトルが引退した。

- **2012年**　宇宙船ドラゴンが民間宇宙船としてはじめてISSまで飛び無事に帰還した。

> NASAのスペースシャトル5機は1981年から2011年の間に135回宇宙に行った。

宇宙探検の歴史

宇宙のあれこれ うちゅうのあれこれ

一番明るい恒星

地球から見たときの恒星の明るさ（見かけの明るさ）は実視等級で表される。実視等級の値は大きくなるほど天体は暗くなる。恒星の光度は恒星が放つエネルギー量であり、太陽の光度を基準に表される。

名 前	実視等級	地球からの距離 （光年）	光 度
太陽	−26.74	0.000016	1
シリウス A	−1.47	8.6	25
カノープス	−0.72	310	15,100
アルファ・ケンタウリ A と B	−0.27	4.37	1.5
アークトゥルス	−0.04	36.7	170
ベガ	0.03	25	37
カペラ Aa	0.09	42.2	78.5
リゲル	0.12	772	117,000
プロキオン	0.34	11.46	6.9
アケルナル	0.44	139	3,150

天の川銀河のこと

★ 太陽は天の川銀河をつくる約 **2000 億個の恒星**のひとつ。

★ 天の川銀河の中心部にあるブラックホール、サジタリウス A*の質量は太陽の **410 万倍**。

★ 天の川銀河の直径は **10 万光年**。

★ 天の川銀河には **180 個の球状星団**がある。銀河の中には球状星団を数千個もつものもある。

★ 天の川銀河の年齢は **132 億年**。天の川銀河で一番古い恒星の年齢をもとに計算された。

★ 天の川銀河の中心部の恒星でできたふくらみの厚さは **2,000 光年**。周囲を取り巻くガスの厚さは 6,000 光年以上になる。

知ってるかな？

▶ 太陽も、ほかの恒星もひとかたまりの固体のようには回転しない。太陽の自転周期は赤道が26日、極が34日と場所によってちがう。

▶ 太陽表面の光は8.3分で地球に届くが、太陽の中心から放たれた光は約100万年かかって地球に届く。

▶ 太陽は天の川銀河内を約2億5,000万年で一周する。銀河中心から太陽までは2万8,000光年離れている。

▶ 月は地球から遠ざかり続けている。月と地球の間は毎年3.8cmずつ広がっている。

▶ 月が反射した太陽光は1.3秒後に地球に届く。

▶ 地球から惑星までの距離は、電波を発射し跳ね返ってもどってくるまでの時間から求める。

▶ 中性子星は宇宙で一番早く回転している天体。わずか1秒間に500回も回転する。

▶ クエイサーとよばれる盛んに活動している銀河は宇宙で一番遠いところにある天体。地球に一番近いクエイサーでも数十億光年離れている。

宇宙機関

◆ NASA
アメリカ航空宇宙局（NASA）は1958年7月に設立された。太陽系のすべての惑星に宇宙船を打ち上げた実績のある唯一の宇宙機関。

◆ ロシア連邦宇宙局
別名ロスコスモス。1992年に設立された、ロシアの宇宙開発研究を行う政府の機関。現在は廃止され、国営企業ロスコスモス社として宇宙開発研究を行っている。

◆ ESA
欧州宇宙機関（ESA）は1975年にヨーロッパの国々が共同で設立した宇宙機関。本部はフランスのパリにある。イギリス、ドイツ、スペイン、イタリアなど19か国が参加している。

◆ JAXA
宇宙航空研究開発機構（JAXA）は日本の国立宇宙機関。2003年に設立された。人工衛星や惑星間ミッションに関する研究開発を行っている。

◆ 中国国家航天局
1993年に設立された。有人宇宙飛行計画を成功させている。

用語解説 ようごかいせつ

緯度（いど） 地球上の位置を表す座標のひとつ。赤道を基準にする。

隕石（いんせき） 地上に落下した流星体。

打ち上げ用ロケット スペースシャトルなどのペイロードを宇宙に発射させる装置。

宇宙船（うちゅうせん） 宇宙空間を移動する乗り物。

宇宙飛行士（うちゅうひこうし） 宇宙船に乗りこみ宇宙空間を移動する人。

宇宙遊泳（うちゅうゆうえい） 船外活動ともいう。宇宙飛行士が宇宙空間で宇宙船の外に出て行う活動。

衛星（えいせい） 大きな天体のまわりを回る天然または人工の天体。月は自然界に存在する地球の衛星。人工衛星は人間がつくった地球の衛星。

尾根（おね） 山や丘が連なった状態。

核（かく） 原子の中心部分（原子核ともいう）。陽子や中性子を含む。すい星の氷に富む固体部分、あるいは恒星が高密度で集まり、たいていはブラックホールを中心にもつ銀河の中心部分を指すこともある。

火山（かざん） 惑星などの天体で溶岩や熱いガスを噴き出す場所。

活動銀河（かつどうぎんが） 中央のブラックホールから粒子と電磁波のジェットを噴き出す銀河。

軌道（きどう） 天然または人工の天体がより大きな天体のまわりを回る通り道。人工衛星、月、惑星、恒星はどれも大きな天体の重力にとらえられ軌道の上を周回する。

軌道船（きどうせん） 天体のまわりを回るようにつくられた宇宙船。

クエイサー 膨大な量のエネルギーを発する、遠く離れた活動銀河。

クレーター 惑星や月などの天体の表面にあいた、おわん形の穴。小惑星や流星体の衝突によってできる。

経度（けいど） 地球上の位置を表す座標のひとつ。イギリス、ロンドンのグリニッジ天文台を通り南極と北極を結ぶ想像上の線を基準にする。

原子（げんし） 化学元素の性質を失わない一番小さな粒子。

元素（げんそ） それ以上小さな成分に分解できない、一番小さな物質。

光度（こうど） 恒星が1秒間に放つエネルギーの量。恒星のエネルギー生産量を意味する。

黄道（こうどう） 太陽が天球を1年かけて動く、見かけ上の通り道。

黄道帯（こうどうたい） 太陽、月、惑星が移動する天球上の道。黄道をはさんで両側に帯状に広がる。

光年（こうねん） 1年間に光が進む距離。9兆4600億km。

重力（じゅうりょく） 二つの天体の間にはたらく引く力。

準惑星（じゅんわくせい） 太陽のまわりを回るほぼ丸い天体。惑星とするには小さすぎる。

小惑星（しょうわくせい） 太陽のまわりを回る巨大な岩石の塊。

すい星 太陽のまわりを回る、氷とちりでできた球体。

スペースシャトル 有人宇宙飛行のためにNASAが開発した再使用できる宇宙船。これまでに5機つくられた。

星間物質（せいかんぶっしつ） 銀河をつくる恒星の間に広がるガスとちり。

星座（せいざ） 天文学者が天体観測に使う、夜空を88に分けた区分。各区分に含まれる星をつないだ図形を指す場合もある。

赤緯（せきい）（Dec） 天球上の位置を表す座標のひとつ。地球の緯度に相当する。天の赤道から南または北に離れている度合を示す。

赤経（せきけい）（RA） 天の南極と北極を結ぶ、天球に引いた想像上の線。

赤色巨星（せきしょくきょせい） 核の水素がほぼヘリウムになったのち、ふくれあがった状態の恒星。

赤道（せきどう） 地球の真ん中を一周する想像上の線。南極からも北極からも等しい距離にある。

赤方偏移（せきほうへんい） 観測者

から遠ざかるにつれて天体から放たれる光の波長が長くなる現象。そのような天体はより赤く見える。

太陽系外惑星　太陽系の外にある惑星。

ダークエネルギー　宇宙の72％をつくっている未知の力。宇宙を膨張させている原因でもある。

ダークマター　熱も光も出さないが、重力によってまわりに影響をおよぼす物質。

盾状火山　傾斜のなだらかな、すそ野の広い火山。

探査車　着陸船によって運ばれる移動用車両。惑星や月の表面を探査する。

着陸船　惑星や衛星など天体に着陸するようつくられた宇宙船または宇宙船の一部。

中性子星　大質量星が最後に爆発した後、核が縮んでできる高密度の恒星。もとの大質量星の質量は太陽の3倍以上。

月の海　月の地形。溶岩がかたまったなだらかな平原の部分。

天球　すべての天体は天球の上にあるとする、地球を取り巻く想像上の球面。

電磁スペクトル　電磁放射の全範囲。一番短い波長のガンマ線から一番長い波長の電波までおよぶ。

電磁放射（EM）　恒星などの天体が放つ光、熱、X線などエネルギーを運ぶ波。

天の赤道　地球の赤道の真上の天球に引いた想像上の線。天球を二分する。

天文学　恒星などの天体をはじめ宇宙に関する学問分野。

天文学者　宇宙について研究をする人。

等級　数値で表される、天体の明るさ。等級が低いほど明るく見える。実視等級は地球からの見かけの明るさ。絶対等級は天体の光度によって決まる。

白色矮星　恒星の一生の最終段階。燃料（水素とヘリウム）を燃やしつくし、外側の層を脱ぎ捨てた状態。外側の層は星雲に変わる。

パルサー　高速で回転する中性子星。電磁波のパルスを発する。

ビッグバン　約138億年前に宇宙ができるきっかけとなったできごと。

フォールスカラー画像　人間の目で見える色とちがう色で処理された天体の画像。

物質　すべての物質は質量をもち、空間をしめる。物質にはおもに四つの状態（固体、液体、気体、プラズマ）がある。

プラズマ　物質の第四の状態。気体が高温になり、原子がイオンと電子に分解した状態。

ブラックホール　とても密度の高い天体。重力があまりにも大きいのでブラックホールからは光さえも抜け出せない。

プレート　地球の地殻の表面をおおう厚い岩盤。

ペイロード　ロケットによって宇宙に運ばれる物。補給物資、宇宙船、人工衛星など。

変光星　時間とともに明るさが変わる恒星。

盆地　ベイスンともいう。大きくて浅いクレーター。

モジュール　宇宙船をつくる、特定の機能をもつ構造物。

溶岩　惑星や衛星など天体の表面にある火山や火道から噴き出された溶けた岩石。

流星　地球の大気の中で燃えた状態の流星体。夜空に光の筋（流れ星）となって現れる。

流星体　太陽のまわりを回るすい星や小惑星に由来する岩石、氷、ちりでできた塊。大きさは数ミリメートルから数メートルまでさまざま。

レーダー　遠く離れた天体の位置や動きを調べる方法。天体に向けて電波のビームを放ち、反射されもどってきた電波を測定する。

連星　重力で引き合い、たがいの軌道を回る2個の恒星。

惑星　恒星のまわりを回る岩石やガスでできた球形の天体。

索 引 さくいん

【あ】

IC2163 101
青い星 78, 84
赤い惑星 5
アタカマ大型ミリ波サブミリ波干渉計 28
アダムスクレーター 46
アトラスⅤ 120
アトランティス 117, 141, 147
アペニン山脈 57
アベル 901/902 11
アポロ 7 号 139
アポロ 11 号 140
アポロ 12 号 57
アポロ 15 号 134
アポロ 16 号 134
アポロ 17 号 56, 134, 146
アポロ計画 146
アポロ司令船 132
アポロ月着陸船 132
天の川銀河 6, 7, 17-21, 78, 82, 99, 148
アームストロング, ニール 140, 146
嵐 52, 53
アリアン 5 121
アリ星雲 92
アルタイル 79
アルデバラン 15
アルテミス 127
アレシボ電波望遠鏡 29
暗黒星雲 88
暗黒物質 ➡ダークマターを見よ
アンドロメダ銀河 (M31) 7, 102
イアペトゥス 64
ESO325-G004 106
イ オ 36, 60
イカロス 125
イシュタル大陸 46
緯 線 14
イ ダ 69
いっかくじゅう座 15 番星 (S星) 81
いて座 18

緯 度 150
イトカワ 130
いるか座 16
隕 石 72, 73, 150
うお座 18
渦巻腕 7, 99
渦巻銀河 100-105
宇 宙 4, 5
——の規模 6, 7
——の研究 23-33
——の進化 10
——の組成 10
——の誕生 8, 9
——の膨張 7, 8
宇宙機関 149
宇宙航空研究開発機構 (JAXA) 149
宇宙ステーション 119, 142-147
宇宙船 118, 119, 124-147, 150
宇宙探査 117
宇宙探査船 128
宇宙背景放射探査機 (COBE) 147
宇宙飛行士 119, 150
宇宙マイクロ波背景放射 8
宇宙遊泳 117, 139, 150
海 57
ウルトラ・ディープ・フィールド 114, 115
エイストラ地域 46, 47
衛 星 5, 35, 39, 58-65, 150
HD10180 の惑星 87
エイベル S0740 106
液体燃料ロケット 121, 146
エクスプローラ 1 号 146
エスキモー星雲 89
X 線 12, 13
NGC602 33
NGC1097 105
NGC1275 110
NGC2207 101
NGC4150 106
NGC4676 112
NGC6302 97

NGC7479 104
エネルギー 10
M51 99, 103
M60 107
M74 100
M81 108
M83 104
M105 106
エリス 67
エロス 37, 68
エンケラドゥス 62
円すい (コーン) 星雲 81, 90
エンビサット 119
おうし座 15, 16
欧州宇宙機関 (ESA) 121, 125, 128, 149
欧州原子核研究機構 (CERN) 11
黄色矮星 86
黄道帯 18
大型ハドロン衝突型加速器 (LHC) 11
おおぐま座 15
おとめ座銀河団 7
オポチュニティ 135
オメガ・ケンタウリ 82
オリオン座 15, 16
オリオン大星雲 91
オリンポス山 50
オールトの雲 70
オルドリン, バズ 140, 146

【か】

海王星 36, 37, 42, 53, 65, 147
回転花火銀河 4
カイパーベルト 5, 37, 66
ガガーリン, ユーリ 138, 146
核 150
火 山 45-47, 50, 150
カシオペヤ座 A 94
可視光 12, 13, 26
ガスプラ 69
ガス惑星 36
火 星 5, 37, 39, 50, 51, 58, 59, 128, 129, 135, 137, 138, 146
火星の谷 54
カッシーニ・ホイヘンス 131, 147

152 | 宇宙

活動銀河　110, 111, 149, 150
カナリア大型望遠鏡　26
かに星雲（M1）　13, 94
ガニメデ　58
カリスト　61
カリプソ　63
ガリレオ　69, 130, 147
カロリス盆地　44
川　49
環境観測衛星　119
岩石惑星　36-40, 86
ガンマ線　13
軌道　150
軌道船（オービター）　118, 125-131, 150
キャッツアイ星雲　93
キャニオン・ディアブロ隕石　48, 73
球状星団　75, 82, 148
キュリオシティ　135
峡谷　51
局部銀河群　7
きょしちょう座47　75
巨大ガス惑星　41
巨大銀河　4
巨大氷惑星　36
銀河　4-11, 99-115
金星　37-39, 45-47, 124, 147
近隣銀河　9
クエイサー　149, 150
屈折望遠鏡　24
グレイル　126
クレオパトラ　68
クレーター　35, 44, 47, 48, 56, 57, 150
グレン，ジョン　138
経線　14
経度　150
ケック　26
月面移動車　134
ケプラー11の惑星　86
ケプラー20eと20f　86
ケレス　66, 67
原子　8, 10, 150
元素　150
光学望遠鏡　24-28, 30, 31
恒星（星）　4, 6, 8, 10, 75-85, 100
　——一番明るい——　148

　——の一生　76, 77
　——の色　78
光度　76, 148, 150
黄道　14, 15, 17, 19, 150
黄道帯　15, 150
光年　6, 149, 150
国際宇宙ステーション（ISS）　119, 121, 141-145, 147
黒色矮星　77
黒点　28
固体燃料ロケット　121
ゴダート，ロバート　146
コペルニクスクレーター　57
子もち銀河（M51）　99, 103
コロンビア　133, 147

【さ】

さそり座　18
サターンV　121
砂漠　49
サパス山　47
サハラ砂漠　49
サリュート1号　142, 146
サリュート7号　142
散開星団　82, 83
さんかく銀河　103
三重連星　80
山脈　57
三裂星雲　89
ジェミニ　132
ジオット　147
紫外線　13
しし座　16
静かの海　57
実視等級　76, 148
車輪銀河　113
重力　10, 11, 36, 75, 76, 82, 100, 150
ジュエルボックス　83
シュミットカセグレン式望遠鏡　25
シューメーカー・レビー第9すい星　71
準惑星　5, 35, 37, 66, 67, 150
衝突銀河　112, 113
小マゼラン雲　33, 109
小惑星　35-37, 68, 69, 150
小惑星帯（メインベルト）　37, 66

触角銀河　112
シリウスA　79
司令船　132
すい星　5, 35, 36, 70, 71, 147, 150
水星　37, 38, 44, 124
スカイラブ1号　142
スピッツァー宇宙望遠鏡　30
スピンドル銀河　108
スプートニク1号・2号　146
スペースシップワン　133, 147
スペースシャトル　117, 133, 141, 145, 147, 150
星雲　4, 5, 75, 88-97
星間雲　5
星間物質　150
星座　15, 150
星団　75, 82-85
セイファート銀河　104, 111
生命　4
赤緯　14, 15, 150
赤外線　13, 26
赤経　14, 15, 150
赤色巨星　77, 81, 150
赤色超巨星　77
赤色矮星　78
赤道　14, 150
赤方偏移　7, 150
セドナ　37
セブン・シスターズ　85
船外活動　143
ソジャーナ　118, 136, 137
ソユーズ2.1b　123
ソユーズFG　122
ソンブレロ銀河（M104）　103

【た】

大暗斑　53
タイガーストライプ　62
大気　39
大渓谷　54
大赤斑　52
大双眼望遠鏡　27
タイタン　61, 131, 147
大マゼラン雲　109
ダイモス　59
太陽　4, 6, 14, 35-37, 148, 149
太陽系　6, 7, 34-73

太陽系外惑星　86, 87, 151
タウルス・リットロウ谷　56
楕円銀河　101, 106, 107, 110
ダークエネルギー　10, 151
ダークマター（暗黒物質）　10, 11, 151
多重星　78, 80
盾状火山　45, 47, 50, 151
谷　56
探査車　134-137, 151
地　球　4, 6, 37, 39, 48, 49, 149
着陸船（ランダー）　118, 126, 128-132, 151
チャンドラX線観測衛星　30
中国国家航天局　149
中性子星　77, 149, 151
超大型干渉電波望遠鏡群　28
超大型望遠鏡　23, 27
超巨星　77, 80
超新星残骸　89, 94
超新星爆発　77, 89
長征3号A（ロングマーチ3A）　122
超大質量ブラックホール　101
月　35, 36, 56, 119, 127, 132, 134, 135, 138, 140, 146, 149
月着陸船　132
月の海　151
ティコの超新星　89
ディスカバリー（スペースシャトル）　145
ディスカバリー断崖　45
デススター　110
テティス　63
デルタIV　120
テレシコワ，ワレンチナ　146
テレスト　63
天　球　14, 16, 18, 151
電磁スペクトル　12, 13, 151
電磁波（電磁放射）　9, 13, 30, 151
天王星　36, 41, 42, 64, 147
天の赤道　14, 15, 17, 19, 151
電　波　13, 26
電波望遠鏡　23, 25, 26, 28, 29
天文学者　14, 151
等　級　151
ドゥーベ　15
土　星　36, 37, 41, 53, 61-64, 130, 131, 147
ドラゴン　147
ドラゴンストーム　53
トリトン　65

【な】
ナイル川　49
ナクラ隕石　73
NASA（アメリカ航空宇宙局）　119, 124, 127-133, 135, 139, 141, 149
南　極　18
南極氷床　48
南　天　18, 19
NEARシューメーカー　68
ニュージェネラルカタログ　100
ニュートン式望遠鏡　24
二連星　81

【は】
パイオニア10号　147
バイキング　128
ハウメア　66
白色矮星　77, 151
バグ星雲　97
ハーシェル，ウィリアム　104
ハーシェルクレーター　61
バタフライ星雲　94, 96, 97
ハッブル宇宙望遠鏡　31-33, 79, 114, 115, 147
馬頭星雲　5, 91
バーナード33　91
葉巻銀河　108, 109
はやぶさ　13C
ハリーすい星　70, 147
バリンジャークレーター　48, 73
パルサー　151
干潟星雲（M8）　18, 88
ビクトリアクレーター　51
ビッグバン　8, 9, 11, 151
ビーナス・エクスプレス　125
ヒペリオン　63
ヒマラヤ山脈　48
V2ロケット　146
フォボス　58
フォーマルハウト　79
不規則銀河　101, 108, 109
物　質　10, 151
フライバイ（接近通過）ミッション　124, 130
プラズマ　11, 151
ブラックホール　77, 101, 105, 107, 148, 151
ブルームスクレーター　44
プレアデス　82, 84, 85
プレート　151
プロキシマ・ケンタウリ　6, 78
プロトン　122
ペイロード　151
ベ　ガ　80
ベスタ　69
ベテルギウス　78
ベネラ9号　147
ペルセウスA　110
変光星　78, 81, 151
ボイジャー1号　130, 147
ボイジャー2号　53, 130, 147
棒渦巻銀河　101, 104, 105
望遠鏡　23
　宇宙の——　30-33
　地上の——　26-29
　——のしくみ　24, 25
宝石箱星団　83
北　天　16, 17
星形成領域　88-91
補償光学　25, 25
ボストーク1号　138
ボストーク6号　146
ボスホート2号　139
北　極　16
北極星（ポラリス）　15, 16, 80
ボーデの銀河（M81）　108
ホバ隕石　72
ポリャコフ，ワレリー　141
盆地（ベイスン）　57, 151

【ま】
マイクロ波　13
マウス銀河（NGC4676）　112
マーキュリー・アトラス6号　138
マクノートすい星　71
マクマス・ピアス太陽望遠鏡　28
マーズ・エクスプレス　118, 128
マーズ・グローバル・サーベイヤー

129
マーズ・サイエンス・ラボラトリー 147
マーズ・フェニックス 129
マゼラン 125
マチルド 68
マート山 45
マリナー4号 128, 146
マリナー9号 146
マリナー10号 124
マリネリス峡谷 51, 54
マンドラビラ隕石 73
三日月星雲 95
みずがめ座 18
ミードクレーター 45
みなみじゅうじ座 κ 星星団 83
ミマス 61
ミラ A 81
ミランダ 64
ミール 141, 142
無人宇宙船 118
冥王星 66
メシエカタログ 100

目玉焼き銀河 111
メラク 15
木 星 5, 36, 40, 41, 52, 58-60, 71, 130
モジュール 151

【や】
有人宇宙船 118, 132, 133, 138-145
有人飛行 138-145
溶 岩 151
夜 空 14-19

【ら】
ライカ 146
らせん星雲 18, 92
リゲル 80
りゅうこつ座の星雲 75, 88
流星（流れ星） 72, 151
流星体 72, 151
ルナ2号 146
ルナ3号 56, 146
ルナ9号 126, 146

ルナ16号 126
ルナ・リコネサンス・オービター 127
ルノホート1号 135
レ ア 63
レオーノフ, アレクセイ 139, 146
レグルス 78
レンズ状銀河 101, 108
連 星 151
ロケット 117, 120-123, 150
ロシア連邦宇宙局 149
ロスコスモス 149
ロゼッタ 147
ローバー 118

【わ】
矮小銀河 4
矮小楕円銀河 102
惑 星 5, 35-44, 151
惑星状星雲 89, 92-95, 97
わし星雲 89

謝　　辞 しゃじ

Dorling Kindersley would like to thank: Lorrie Mack for proofreading; Helen Peters for indexing; and Claire Bowers, Fabian Harry, and Romaine Werblow for DK Picture Library assistance.

The publisher would like to thank the following for their kind permission to reproduce their photographs:

(Key: a-above; b-below/bottom; c-centre; f-far; l-left; r-right; t-top)

1 NASA: Planetary Photo Journal Collection (c). **2–3 ESO:** http://creativecommons.org/licenses/by/3.0 (c). **4–5 ESO:** IDA/Danish 1.5 m/R. Gendler/S. Guisard/C. Thöne/http://creativecommons.org/licenses/by/3.0 (c). **4 NASA:** European Space Agency (bl). **5 Corbis:** Ctein / Science Faction (br). **ESO:** http://creativecommons.org/licenses/by/3.0 (tc). **NASA:** JPL (c). **6 NASA:** Visible Earth / Reto Stockli / Alan Nelson / Fritz Hasler (c, bl); International Astronomical Union (cr). **7 NASA:** Spitzer Space Telescope Collection (cl). **Science Photo Library:** Mark Garlick (cr). **8–9 The Art Agency:** Barry Croucher (c). **9 ESO:** Igor Chekalin (br). **10 CERN:** Claudia Marcelloni / Max Brice (crb). **Corbis:** Nathan Benn (bl); Mark Weiss (clb); G. Brad Lewis / Science Faction (cb). **NASA:** Hubble Space Telescope Collection (tr). **12 Chandra X-Ray Observatory:** NASA / JPL-Caltech / Univ. Minn. / R.Gehrz (c). **13 NASA:** Compton Gamma Ray Observatory (c, tr); Goddard Space Flight Centre (cr). **NOAO / AURA / NSF:** Jay Gallagher (U. Wisconsin) / N.A. Sharp / WIYN (tl). **20–21 Corbis:** Dennis di Cicco. **22 ESO:** Y. Beletsky/http://creativecommons.org/licenses/by/3.0. **23 ESO:** http://creativecommons.org/licenses/by/3.0 (bc). **25 ESO:** G. Hüdepohl/http://creativecommons.org/licenses/by/3.0 (tr). **NASA:** (crb). **26 Alamy Images:** Tibor Agocs (br). **27 ESO:** José Francisco Salgado/http://creativecommons.org/licenses/by/3.0 (b). **NASA:** (tr). **28 Corbis:** Roger Ressmeyer (cla, br). **28-29 ESO:** José Francisco Salgado/http://creativecommons.org/licenses/by/3.0 (tr). **29 Corbis:** Michele Falzone / JAI (br). **30 Chandra X-Ray Observatory:** NASA / CXC / MGST (tr). **Getty Images:** Purestock (bl). **31 NASA:** Hubble Space Telescope Collection. **32–33 NASA:** Hubble Space Telescope Collection. **34 NASA:** JPL. **35 NASA:** Johnson Space Center Media Archive (oc). **36 NASA:** Damian Peach (br). **37 NASA:** (bl, br); Great Images in Nasa Collection (tr). **38 Corbis:** Ocean (crb). **NASA:** Johns Hopkins University Applied Physics Laboratory / Carnegie Institution of Washington (clb). **39 NASA:** Earth Day Image Gallery (tc); JPL / University of Arizona (tr); (tl, crb); Visible Earth / Reto Stockli / Alan Nelson / Fritz Hasler (clb). **40 NASA:** Damian Peach (br). **41 NASA:** JPL (br); (tl, tr). **42 NASA:** JPL (bl). **43 NASA:** Planetary Photo Journal Collection (r). **44 NASA:** Johns Hopkins University Applied Physics Laboratory / Carnegie Institution of Washington (c, tr, bl); Planetary Photojournal (br). **45 Corbis:** Ocean (tr, cr). **NASA:** Johns Hopkins University Applied Physics Laboratory / Carnegie Institution of Washington (tc); Planetary Photo Journal Collection (cl, b, c). **46 Corbis:** Ocean (tc). **NASA:** JPL (cr). **46–47 NASA:** (tc); JPL (b). **47 Corbis:** Ocean (tc, tr, c). **NASA:** (tr); JPL (b). **48 Getty Images:** Planet Observer / Universal Images Group (cr). **NASA:** Visible Earth / Reto Stockli / Alan Nelson / Fritz Hasler (tc, tr); International Space Station Imagery (bl). **48–49 Getty Images:** Stocktrek / Photodisc (bc). **49 NASA:** Visible Earth / Reto Stockli / Alan Nelson / Fritz Hasler (tc, tr, c); Planetary Photo Journal Collection (br); Earth Observatory Collection (cr). **50 Corbis:** NASA: JPL (tr). **51 NASA:** JPL (tr, cr); Mars Collecton (tr/Victoria Crater); JPL / USGS (br). **52 NASA:** JPL (t); Damian Peach (tr). **53 NASA:** JPL (tr, c); Planetary Photo Journal Collection (cr); Solarsystem Collection (br); JPL / Space Science Institute (ca, cl). **54–55 Corbis:** Steven Hobbs / Stocktrek Images. **56 ESA/Hubble:** J. Garvin/NASA/GSFC/http://creativecommons.org/

licenses/by/3.0 (br). **NASA:** GSFC / Arizona State University (cl, bl, cr). **57 Getty Images:** Stocktrek Images (b). NASA: GSFC / Arizona State University (tl, tc, tr, crb); Planetary Photo Journal Collection (cr). **58–59 NASA:** JPL (bc). **58 NASA:** GSFC / Arizona State University (tr); JPL / University of Arizona (ca). **59 NASA:** GSFC / Arizona State University (tc, tr, cb); JPL / Ted Stryk (r); JPL-Caltech / University of Arizona (c). **60–61 NASA:** Planetary Photo Journal Collection (c). **60 NASA:** GSFC / Arizona State University (tc); JPL / DLR (b). **61 NASA:** GSFC / Arizona State University (tc, tr, cr/Icon); JPL / Space Science Institute (bc); JPL / University of Arizona (cr). **62 NASA:** GSFC / Arizona State University (tr); Solarsystem Collection (r). **63 NASA:** GSFC / Arizona State University (tr, c, cr); JPL / Space Science Institute (bl, crb); JPL (cra). **64 NASA:** GSFC / Arizona State University (tr, c, cr); JPL / Space Science Institute (tl); Great Images in Nasa Collection (br, bl). **65 NASA:** GSFC / Arizona State University (tr); JPL / USGS (tl, b). **66-67 Getty Images:** Stocktrek Images (tc). **67 Corbis:** Denis Scott (br). **NASA:** GSFC / Arizona State University (tc, tr, c); ESA and M. Brown (Caltech) (bl). **68 NASA:** Goddard Space Flight Center (br, bl); Solarsystem Collection (cl, tl). **69 NASA:** JPL-Caltech / UCLA / MPS / DLR / IDA (br); Solarsystem Collection (l). **70 Corbis:** Ctein / Science Faction (br). **ESO:** E. Slawik/http://creativecommons.org/licenses/by/3.0 (bl). **NASA:** Science (tl). **71 ESO:** S. Deiries/http://creativecommons.org/licenses/by/3.0 (c). **NASA:** JPL (b). **72 Corbis:** Radius Images (b). **73 Alamy Images:** Natural History Museum, London (bc); Kumar Sriskandan (br). **Corbis:** Carolina Biological / Visuals Unlimited (tr). **74 NASA:** ESA / M. Livio and the Hubble 20th Anniversary Team (STScI). **75 ESO:** http://creativecommons.org/licenses/by/3.0 (bc). **76 NASA:** Human Spaceflight Collection (bl). **77 ESA/Hubble:** NASA/The Hubble Heritage Team STScI/AURA/http://creativecommons.org/licenses/by/3.0 (b). **ESO:** J. Pérez/http://creativecommons.org/licenses/by/3.0 (bl). **78 Chandra X-Ray Observatory:** NASA / CXC / SAO (br); Digitized Sky Survey 2/Davide De Martin/http://creativecommons.org/licenses/by/3.0 (bl). **NASA:** JPL (tl); Spitzer Space Telescope Collection (cl). **79 ESA/Hubble:** NASA/Digitized Sky Survey 2/Davide De Martin/http://creativecommons.org/licenses/by/3.0 (tl); Akira Fujii/http://creativecommons.org/licenses/by/3.0 (bl). **NASA:** Planetary Photo Journal Collection (c). **80 NASA:** Goddard Space Flight Center (br); (bc). **81 Robert Gendler:** (tr). **NASA:** Planetary Photo Journal Collection (b). **82 ESO:** INAF-VST/OmegaCAM/A. Grado/INAF-Capodimonte Observatory/http://creativecommons.org/licenses/by/3.0 (bl). **Robert Gendler:** (b). **83 ESO:** Y. Beletsky/http://creativecommons.org/licenses/by/3.0 (b). **84–85 Robert Gendler. 86 NASA:** Tim Pyle (bl). **86–87 NASA:** Ames / JPL-Caltech (c). **87 ESO:** L. Calçada/http://creativecommons.org/licenses/by/3.0 (cr). **88 ESA/Hubble:** NASA/http://creativecommons.org/licenses/by/3.0 (cr). **NASA:** ESA / N. Smith / The Hubble Heritage Team (bl). **89 ESA/Hubble:** Jeff Hester and Paul Scowen (Arizona State University)/NASA/http://creativecommons.org/licenses/by/3.0 (b). **ESO:** http://creativecommons.org/licenses/by/3.0 (ttl). **NASA:** JPL / MPIA / Calar Alto Observatory (tl). **90 ESA/Hubble:** A. Fujii/http://creativecommons.org/licenses/by/3.0 (tl); NASA/Holland Ford (JHU)/The ACS Science Team/http://creativecommons.org/licenses/by/3.0. **NASA:**

(bc). **91 Robert Gendler:** (t). **NASA:** National Science Foundation (b). **92 NASA:** Image eXchange Collection (bl). **92–93 ESA/Hubble:** NASA/C.R. O'Dell (Vanderbilt University)/M. Meixner/P. McCullough/G. Bacon (Space Telescope Science Institute)/http://creativecommons.org/licenses/by/3.0 (c). **93 NASA:** (tr). **94 ESA/Hubble:** NASA/The Hubble Heritage Team STScI/AURA/http://creativecommons.org/licenses/by/3.0 (bl). **94–95 ESA/Hubble:** NASA/Allison Loll/Jeff Hester (Arizona State University)/http://creativecommons.org/licenses/by/3.0 (b). **96–97 ESA/Hubble:** NASA/Hubble SM4 ERO Team/http://creativecommons.org/licenses/by/3.0 (tc). **96 National Science Foundation** (tr). **98 ESA/Hubble:** NASA/S. Beckwith (STScI)/The Hubble Heritage Team STScI/AURA/http://creativecommons.org/licenses/by/3.0 (bc). **100 NASA:** ESA / The Hubble Heritage Team STScI / AURA)-ESA / Hubble Collaboration (l). **101 ESA/Hubble:** NASA/http://creativecommons.org/licenses/by/3.0 (cr); NASA/R.M. Crockett (University of Oxford, U.K.), S. Kaviraj (Imperial College London and University of Oxford, U.K.), J. Silk (University of Oxford), M. Mutchler (Space Telescope Science Institute, Baltimore, USA), R. O'Connell (University of Virginia, Charlottesville, USA), and the WFC3 Scientific Oversight Committee/http://creativecommons.org/licenses/by/3.0 (tr). **ESO:** IDA/Danish 1.5 m/R. Gendler/S. Guisard/C. Thöne/http://creativecommons.org/licenses/by/3.0 (tr); http://creativecommons.org/licenses/by/3.0 (cra, tl). **NASA:** JPL-Caltech (cl); ESA / The Hubble Heritage Team (crb). **102 NASA:** Hubble Space Telescope Collection (b). **103 NASA:** (br); Swift Science Team / Stefan Immler (tr); Spitzer Space Telescope / R. Kennicutt (bl). **104 ESO:** http://creativecommons.org/licenses/by/3.0 (tl). **104–105 ESA/Hubble:** NASA/http://creativecommons.org/licenses/by/3.0 (c). **105 ESO:** http://creativecommons.org/licenses/by/3.0 (tr). **106 Chandra X-Ray Observatory:** X-Ray (NASA / CXC / MPA / M.Gilfanov & A. Bogdan), Infrared (2MASS / UMass / IPAC-Caltech / NASA / NSF), Optical (CSS) (tc). **ESO:** NASA/R.M. Crockett (University of Oxford, U.K.), S. Kaviraj (Imperial College London and University of Oxford, U.K.), J. Silk (University of Oxford), M. Mutchler (Space Telescope Science Institute, Baltimore, USA), R. O'Connell (University of Virginia, Charlottesville, USA)/http://creativecommons.org/licenses/by/3.0 (bl). **106–107 Chandra X-Ray Observatory:** NASA / CXC / UVa / S.Randall et al (tr). **108-109 ESA/Hubble:** NASA/The Hubble Heritage Team STScI/AURA)/http://creativecommons.org/licenses/by/3.0 (bc). **108 NASA:** Hubble Space Telescope Collection (t). **109 NASA:** (tc, br). **110–111 NASA:** ESA / The Hubble Heritage Team (STScI / AURA)-ESA / Hubble Collaboration / A. Fabian (Institute of Astronomy, University of Cambridge, UK) (c). **110 Chandra X-Ray Observatory:** NASA / CXC / CfA / D.Evans et al.; Optical / UV: STScI; Radio: NSF / VLA / CfA / D.Evans et al., STFC / JBO / MERLIN (b). **111 NASA:** (tl). **112 NASA:** Hubble Space Telescope Collection (tl); Marshall Space Flight Center Collection (bc). **113 ESA/Hubble:** NASA/http://creativecommons.org/licenses/by/3.0 (c). **114–115 NASA:** Hubble Space Telescope Collection. **116 NASA:** Great Images in Nasa Collection. **117 NASA:** Spacesuit and Spacewalk History Image Gallery (bc). **118 NASA:** JPL (cl, bc). **118–119 NASA:** (bc). **119 Corbis:** Esa / epa (crb). **NASA:** (tl). **120**

Alamy Images: PJF News (br). **NASA:** Kennedy Center Media Archive Collection (bl). **121 Alamy Images:** Stephen Saks Photography (bl). **Corbis:** Alain Nogues / Sygma (br). **122 Getty Images:** Imaginechina (l). **122–123 Getty Images:** (tc, bc). **123 Corbis:** Arianespace / Epa (r). **124 NASA:** NSSDC (b). **125 Corbis:** Aoes Medialab / esa / Hand Out / dpa (bl). **Japan Aerospace Exploration Agency (JAXA):** (c). **NASA:** Johnson Space Center Collection (bc). **126 Alamy Images:** ITAR-TASS Photo Agency (cr). **126-127 NASA:** JPL-Caltech (b). **127 NASA:** Chris Meaney, NASA Conceptual Image Lab (tr); Emt **128 Corbis:** (tl). **Dorling Kindersley:** The Science Museum, London (bc). **128-129 ESA:** C. Carreau (tc). **129 NASA:** JPL (br, bl). **130 Japan Aerospace Exploration Agency (JAXA):** (tr). **NASA:** JPL (bl). **131 NASA:** (b). **132 NASA:** (cl); Johnson Space Center Media Archive (t, br). **133 Getty Images:** Don Logan / Wirelmage (b). **NASA:** (t). **134 NASA:** (cr); Planetary Photo Journal Collection (bl). **136–137 NASA:** JPL. **138 Corbis:** Sergei Ilnitsky / Epa (bl). **NASA:** Great Images in Nasa (cr). **139 Corbis:** Bettmann (tl). **NASA:** (br).
140 NASA: Johnson Space Center Media Archive. **141 Corbis:** (b). **NASA:** (tr). **142 Corbis:** Roger Ressmeyer (ca). **NASA:** Great Images in Nasa Collection (br). **143 NASA:** (b). **144–145 NASA**.

Jacket images: *Front:* **Alamy Images:** Jupiterimages fcla/ (shuttle); The Stocktrek Corp r/ Brand X Pictures fcla/ (sun). **Corbis:** STScI / NASA / ESA / E. Karkoschka (University of Arizona) / Hubble c. **Dorling Kindersley:** Eurospace Center, Transinne, Belgium fbr/ (satellite); The Science Museum, London cla/ (space probe), fcra/ (skylab); Space and Rocket Center, Alabama fcl/ (spacesuit). **Getty Images:** Photolibrary / Photodisc / PhotoLink bc/ (astronaut); Stocktrek Images fbl/ (moon); Stone / World Perspectives fcr/ (mars). **NASA:** clb/ (spacecraft), cra/ (shuttle), fcra/ (sdo), cla/ (iss), cra/ (iss), fcl/ (mono), clb/ (htv), fcr/ (jupiter), bc/ (jovian moon), crb/ (chandra), crb/ (venus); X-ray: NASA / CXC / SAO; IR & UV: NASA / JPL-Caltech; Optical: NASA / STScI fbr/ (pinwheel galaxy); ESA / Hubble Heritage (STScI / AURA) / ESA / Hubble Collaboration bl/ (spiral galaxy); ESA / The Hubble Heritage Team (STScI / AURA) / J. Bell (Cornell University) / M. Wolff (Space Science Institute) bl/ (mars); ESA, the Hubble Heritage Team (STScI / AURA), J. Bell (Cornell University), and M. Wolff (Space Science Institute, Boulder) cla/ (mars); Walt Feimer / Goddard Space Flight Center fcla/ (ibex), cra/ (ibex); JHUAPL cla/ (eros); JPL / Caltech / R. Hurt (SSC) cla/ (galaxy); JPL / DLR (German Aerospace Center) cla/ (callisto); JPL / University of Arizona cra/ (jupiter), cra/ (io); JPL-Caltech fcl/ (curiosity rover); JPL-Caltech / S. Willner (Harvard-Smithsonian Center for Astrophysics) ca/ (spiral galaxy); JPL-Caltech / University of Arizona fcla/ (deimos); Lockheed Martin fcrb/ (orion module); JPL / Space Science Institute fbl/ (hyperion). *Back:* **Dorling Kindersley:** Space and Rocket Center, Alabama cl/ (spacesuit). **Getty Images:** Stocktrek Images cla/ (moon). **NASA:** clb/ (spacecraft). *Spine:* **Corbis:** STScI / NASA / ESA / E. Karkoschka (University of Arizona) / Hubble.

All other images © Dorling Kindersley

For further information see: www.dkimages.com